Mohamed Mahmoud

Modificação da planta para reutilizar a água produzida após a desidratação do gás

Mohamed Mahmoud

Modificação da planta para reutilizar a água produzida após a desidratação do gás

ScienciaScripts

Imprint
Any brand names and product names mentioned in this book are subject to trademark, brand or patent protection and are trademarks or registered trademarks of their respective holders. The use of brand names, product names, common names, trade names, product descriptions etc. even without a particular marking in this work is in no way to be construed to mean that such names may be regarded as unrestricted in respect of trademark and brand protection legislation and could thus be used by anyone.

Cover image: www.ingimage.com

This book is a translation from the original published under ISBN 978-3-659-90813-2.

Publisher:
Sciencia Scripts
is a trademark of
Dodo Books Indian Ocean Ltd. and OmniScriptum S.R.L publishing group

120 High Road, East Finchley, London, N2 9ED, United Kingdom
Str. Armeneasca 28/1, office 1, Chisinau MD-2012, Republic of Moldova, Europe
Managing Directors: Ieva Konstantinova, Victoria Ursu
info@omniscriptum.com

Printed at: see last page
ISBN: 978-620-8-63641-8

À minha mãe e à minha família

Índice

Abreviaturas :

acre/lb	acres per pound
AFY	acre-feet per year
AOC	assimilable organic carbon
AWWA	American Water Works Associations
BAF	biological aerated filter
bbl/MCF	barrels per million cubic feet
bpd	barrels per day
BAC	biologically active carbon
BOD	biological oxygen demand
BOE	barrels of energy
BTEX	benzene, toluene, ethylbenzene, and xylene
CBM	coal bed methane, also coal bed natural gas
CIP	clean in place
COD	chemical oxygen demand
COGCC	Colorado Oil and Gas Conservation Commission
DBP	disinfection byproduct
DGF	dissolved gas flotation
ECw	electrical conductivity
EOR	enhanced oil recovery
DAF	dissolved air flotation
DO	dissolved oxygen
DOE	U.S. Department of Energy
dS/m	decisiemens per meter
ED	electrodialysis
EDI	electrodeionization
GAC	granular activated carbon
gpd	gallons per day
IGF	induced gas flotation
kgal	kilogallon
kWh/day	kilowatthours per day
m2/gram	square meters per gram
MCF	million cubic feet
meq/L	milliequivalent per liter
MF	microfiltration

mrem/yr	millirem per year
MFL	magnetic flux leakage
mg/L	milligrams per liter
NOM	natural organic matter
NORM	naturally occurring radioactive materials
O&M	operation and maintenance
OPUS	optimized pretreatment and unique separation
pCi/L	picocuries per liter
ppm	parts per million
psi	pounds per square inch
Reclamation	Bureau of Reclamation
SAR	sodium absorption ratio
S/cm	siemens per centimeter
TDS	total dissolved solids
THMs	trihalomethanes
TN	total nitrogen
TOC	total organic carbon
TSS	total suspended solids
UF	ultrafiltration
USEIA	U.S. Energy Information Administration
USEPA	U.S. Environmental Protection Agency
USGS	U.S. Geological Survey
UV	ultraviolet
VOC	volatile organic chemicals
WAC	weak acid cation
ZLD	zero liquid discharge
°F	degree Fahrenheit
µg/L	microgram per liter
µm	micrometers
>	greater than
<	less than
%	percent

I. Introdução

1. Sumário executivo

A procura crescente de fontes de água doce significa que é necessário desenvolver novas fontes de abastecimento de água em todo o mundo. Grandes volumes de água produzida durante a extração de petróleo e gás, conhecida como água produzida, são gerados em áreas propensas à seca que também estão a registar um crescimento populacional. A água produzida é um subproduto da indústria do petróleo e do gás; no entanto, com um tratamento adequado e uma aplicação benéfica, a água produzida pode ser utilizada como uma nova fonte de abastecimento de água na irrigação.

O Bureau of Reclamation (Reclamation) Technical Service Center recolheu dados de fontes públicas para descrever as caraterísticas da qualidade da água produzida, efectuou uma avaliação da qualidade da água em termos de localização geográfica e critérios de qualidade da água para potenciais utilizações benéficas, identificou tecnologias de tratamento adequadas para a água produzida e descreveu as utilizações benéficas práticas da água produzida.

A qualidade da água produzida varia consideravelmente consoante a localização geográfica, o tipo de hidrocarboneto produzido e a geoquímica da formação produtora. Em geral, a concentração de sólidos totais dissolvidos pode variar entre 100 miligramas por litro (mg/L) e mais de 400.000 mg/L. O lodo e as partículas, o sódio, o bicarbonato e o cloreto são os constituintes inorgânicos mais comuns na água produzida. Os compostos de benzeno, tolueno, etilbenzeno e xileno (BTEX) são os contaminantes orgânicos mais comuns na água produzida. Os tipos de contaminantes presentes na água produzida e as suas concentrações têm um impacto significativo no tipo mais apropriado de utilização benéfica e no grau e custo do tratamento necessário.

Podem ser utilizados muitos tipos de tecnologia para tratar a água produzida; no entanto, os tipos de constituintes removidos por cada tecnologia e o grau de remoção devem ser tidos em conta ao identificar as potenciais tecnologias de tratamento para uma determinada aplicação. Para alguns tipos de água produzida, mais do que um tipo de tecnologia de tratamento pode atingir o objetivo de remoção de contaminantes, devendo ser aplicado um conjunto de critérios de seleção para reduzir o número de opções de tratamento.

As utilizações benéficas da água produzida incluem a irrigação de culturas, o abeberamento de gado, o escoamento de cursos de água, etc.
A água produzida pode também ser utilizada para aumentar a capacidade dos aquíferos, bem como para utilizações municipais e industriais. A água produzida pode também ser armazenada num aquífero para utilização posterior. O tipo mais adequado de utilização benéfica para uma aplicação de água produzida depende da localização geográfica da produção de água produzida, da localização da utilização benéfica e das concentrações de constituintes na água produzida.

Dados os grandes volumes de água produzida no Oeste dos Estados Unidos, por exemplo, e a necessidade crescente de novos abastecimentos de água em todo o mundo, a água produzida tem potencial para aumentar os abastecimentos de água convencionais. A água produzida, se for gerida como um recurso e não como um resíduo a eliminar, pode ser utilizada para fins benéficos.

2. Contexto

A água produzida é definida como a água que existe em formações subterrâneas e é trazida à superfície durante a produção de petróleo e gás. A água de produção é gerada pela produção convencional de petróleo e gás, bem como pela produção a partir de fontes não convencionais, como o metano de jazidas de carvão, as areias apertadas e o gás de xisto. A concentração de componentes e o volume de água produzida variam consideravelmente consoante o tipo e a localização do produto petrolífero. A água produzida representa o maior volume do fluxo de resíduos associado à produção de petróleo e gás.

2.1 Formação de recursos de petróleo e de gás

Produção

2.1.1 Petróleo e gás convencionais

O petróleo é formado a partir de matéria vegetal e animal que se acumula no fundo de uma fonte de água, como um oceano, rio, lago ou recife de coral. Ao longo do tempo, este material é enterrado pela acumulação de sedimentos e empurrado mais profundamente para a superfície da terra, onde a pressão aumenta devido ao peso dos sedimentos sobrepostos e a temperatura aumenta devido ao calor do núcleo da terra. Os reservatórios de petróleo e de gás são criados quando a pirólise dos hidrocarbonetos tem lugar numa camada confinada de material poroso. O material confinado retém o combustível fóssil na subsuperfície, enquanto o material permeável e poroso do reservatório permite a sua acumulação. O petróleo existe no subsolo sob a forma de pequenas gotículas presas nos pequenos espaços vazios da rocha. Quando um poço é perfurado num reservatório de petróleo, a alta pressão no reservatório empurra o petróleo para fora dos pequenos espaços vazios e para a superfície.

2.1.2 Recursos petrolíferos não convencionais

Os xistos betuminosos, os xistos betuminosos, as areias betuminosas e o metano de jazidas de carvão são considerados recursos petrolíferos não convencionais. Os reservatórios de xisto betuminoso estão confinados em formações sedimentares. As formações de xisto betuminoso não transformam os hidrocarbonetos em petróleo bruto. Os xistos betuminosos são geralmente refinados para obter um produto energético mais limpo para utilização como combustível de alta qualidade. As formações sedimentares apertadas retêm os hidrocarbonetos, exigindo o desenvolvimento de poços que consomem muita energia e água. Os polímeros de fracturação combinados com água são injectados a alta pressão na formação do reservatório. A fracturação é necessária para produzir uma condutividade aquífera eficaz suficiente para permitir a produção de quantidades económicas de petróleo e gás. Os Estados Unidos possuem os maiores depósitos de xisto betuminoso. A formação de Green River no Wyoming, Colorado e Utah contém o maior depósito de xisto betuminoso dos Estados Unidos. Setenta por cento dos recursos comercialmente atractivos da formação de Green River estão localizados em terras geridas pelo governo federal dos EUA.

O gás de xisto também é produzido naturalmente a partir de formações de xisto. O gás é armazenado em fracturas, no espaço intersticial e é adsorvido à matéria orgânica do reservatório.
O gás de xisto foi inicialmente explorado através da sua produção a partir de grandes fracturas em formações que proporcionavam um fluxo de gás suficiente para o desenvolvimento económico. Os recentes avanços na tecnologia de perfuração de poços e na fracturação artificial aumentaram a exploração deste recurso. O gás de xisto é produzido há muito tempo nos Estados Unidos, nas bacias do Illinois e dos Apalaches. Graças aos recentes avanços tecnológicos, o xisto de Barnett, no Texas, também se revelou altamente rentável.

As areias betuminosas são um recurso de gás natural não convencional produzido a partir de sedimentos compactos e de baixa permeabilidade. Tal como o gás de xisto, os avanços tecnológicos tornaram possível transformar as areias compactas num recurso económico. O gás está fortemente contido na formação do reservatório de baixa permeabilidade, e os poços devem ser estimulados para produzir a partir da formação do reservatório. As bacias de areias petrolíferas nos EUA sobrepõem-se a algumas bacias de gás de xisto, mas não há coincidência entre as areias petrolíferas e as bacias de gás de xisto. A produção de areias compactas tem lugar nas Grandes Planícies, nas Montanhas Rochosas, na região de Four Corners, na Costa do Golfo e no Arkansas/Oklahoma.

O metano de jazidas de carvão ou gás natural de jazidas de carvão é um recurso de gás natural não convencional extraído de jazidas de carvão. O metano (CH4) forma-se na jazida de carvão em resultado de processos bacterianos (biogénicos) e de reacções químicas que ocorrem a altas temperaturas e pressões durante a fase de betuminização (termogénicos). O metano dos carvões de maior altitude é formado por produção termogénica e os carvões de menor altitude produzem metano por produção biogénica. Além disso, o volume de gás aumenta com o grau do carvão e com a profundidade e a pressão do reservatório. O carvão tem uma grande área de superfície por volume, pelo que as camadas de carvão podem conter grandes volumes de gás. As jazidas de carvão podem conter seis a sete vezes mais gás do que os reservatórios de gás convencionais de dimensão comparável **[Taulis 2007]**.

2.2 Produção de água produzida e Produção

2.2.1 Petróleo e gás convencionais

Em média, cada barril de petróleo bruto produz cerca de 7 a 10 barris, ou 280 a 400 galões, de água. A água de formação (ou água contida) existe naturalmente no aquífero poroso juntamente com os hidrocarbonetos. A água de formação reflecte geralmente a qualidade da água associada ao ambiente de deposição do reservatório - água marinha, salobra ou doce continental. Os reservatórios de petróleo contêm geralmente maiores volumes de água do que os reservatórios de gás. Este facto deve-se à maior compressibilidade e capacidade de sorção do gás. O gás é armazenado e produzido a partir de reservatórios menos porosos que contêm rochas geradoras com uma menor capacidade de absorção de água. A produção de água produzida aumenta geralmente ao longo do tempo nos reservatórios convencionais, à medida que o petróleo e o gás se esgotam durante a produção de hidrocarbonetos.

2.2.2 Recursos não convencionais

A água produzida a partir da maioria dos recursos não convencionais é mínima devido à estreiteza das formações dos reservatórios, como é o caso das areias apertadas, dos xistos betuminosos e dos reservatórios de gás de xisto. Os produtores geralmente importam água para estas operações para utilização no local durante a perfuração, fracturação e produção. A água doce utilizada para a perfuração e fracturação dos reservatórios é contaminada por água salina em terra associada ao ambiente de eliminação do reservatório. A água doce trazida para o local para utilização nas operações, como a água de retorno ou de fracturação, é também gerida como um fluxo de resíduos. Este fluxo de resíduos está geralmente associado à fase inicial de desenvolvimento e produção do poço. Na maioria das operações não convencionais de petróleo e gás, a água de fratura é considerada o fluxo de resíduos mais significativo da produção.

Além disso, o metano armazenado em jazidas de carvão produz os maiores volumes de água durante a produção de gás, em comparação com outros hidrocarbonetos não convencionais. A água contida nas camadas de carvão contribui para a pressão no reservatório que mantém o metano adsorvido na superfície do carvão. A água deve ser removida por bombagem para baixar a pressão no reservatório e estimular a dessorção do metano do carvão. Em geral, à medida que a produção de gás aumenta, a produção de água diminui; consequentemente, o volume de água produzido a partir do metano armazenado no carvão diminui ao longo do tempo. A Figura 1 mostra o perfil típico de produção de água e gás para poços de gás que produzem metano em jazidas de carvão.

Figura: Produção de água e gás típica do metano de jazidas de carvão.

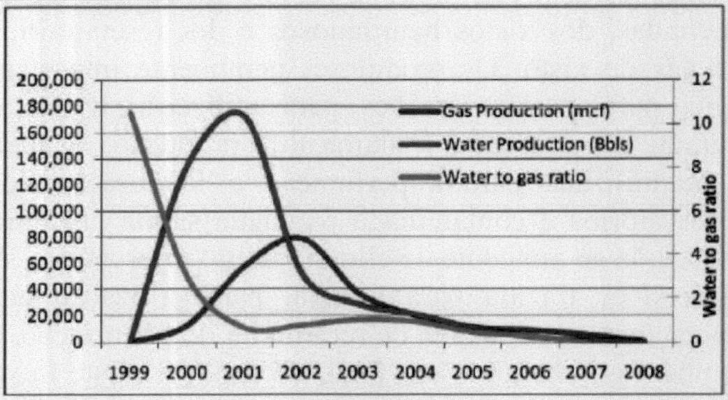

Figure 1. Typical water and gas production for CBM.

As jazidas de carvão contêm fracturas e poros que podem transmitir grandes volumes de água. Em algumas regiões, as jazidas de carvão podem funcionar como aquíferos locais ou regionais e são importantes fontes de água subterrânea **[Rice and Nuccio 2000]**. O volume de água varia consideravelmente de uma bacia para outra. Estas variações podem ser devidas a muitas razões diferentes, dependendo do papel desempenhado pelo ciclo de desenvolvimento do metano das jazidas de carvão, da classificação do carvão, da profundidade do carvão e da conetividade hidrológica com outros aquíferos portadores de água. Em geral, as camadas de carvão mais profundas contêm menos água, mas a salinidade da água é mais elevada. Os rácios água-gás são utilizados para descrever o volume de água produzido por milhão de pés cúbicos de gás natural. Os rácios água-gás são utilizados, juntamente com as reservas de gás natural recuperáveis estimadas, para prever o volume de água que será produzido em cada bacia de produção.

2.3 Práticas actuais de gestão da água produzida

A água é considerada um subproduto da produção de petróleo e gás e é geralmente tratada pela indústria do petróleo e do gás como um resíduo a eliminar. As práticas de gestão da água produzida dependem do custo do recurso de hidrocarbonetos. A água produzida é o fluxo de resíduos mais significativo associado à produção de petróleo e gás. Uma vez que a água produzida é considerada um subproduto da indústria do petróleo e do gás, as estratégias de gestão mais comuns têm como objetivo eliminá-la em vez de lhe dar um bom uso. As práticas mais comuns de eliminação das águas produzidas são a aplicação ou descarga no solo, a injeção subterrânea e o transporte por camião fora do local.

- O espalhamento ou a descarga é um método relativamente económico de eliminação da água produzida. No entanto, esta solução só é viável para águas produzidas de qualidade relativamente elevada. Se a água for de má qualidade, existe o risco de o solo, a água e a vegetação circundantes ficarem contaminados. As diretrizes regulamentares também devem autorizar o espalhamento.

- A injeção subterrânea é a solução preferida da indústria para eliminar a água produzida. Em alguns casos, a reinjecção de água produzida não é possível porque a formação subterrânea não tem capacidade para receber a água.
- Se não for possível espalhar ou reinjectar, a água pode ser transportada por camião para instalações de reinjecção fora do local. As instalações de reinjecção estão geralmente localizadas em torno de uma formação geológica que é adequada para a injeção. Estas instalações incluem, por vezes, tratamentos menores para reduzir o potencial de incrustação da água reinjectada ou para modificar a composição química da água para facilitar a sua remoção.

Em geral, os produtores têm uma experiência limitada no tratamento de águas e estão relutantes em utilizar tecnologias de tratamento de águas produzidas devido a experiências passadas negativas. Do ponto de vista de um produtor de petróleo e gás, a principal preocupação associada à utilização benéfica da água produzida como estratégia de gestão é a responsabilidade; por conseguinte, a reinjecção da água na formação subterrânea é o método preferido de eliminação/gestão. No entanto, em algumas áreas, a eliminação não é possível porque a geologia da formação de águas subterrâneas não pode acomodar a água, ou porque a reinjecção pode resultar na contaminação de outras fontes de água subterrânea. O transporte por camião para fora do local é outra estratégia de gestão da água preferida pelos produtores do ponto de vista da responsabilidade; no entanto, este método é muito dispendioso.

2.4 Impactos ambientais causados pela água produzida

Os impactos ambientais causados pela eliminação da água produzida têm sido registados desde meados do século XVIII, quando foram perfurados e explorados os primeiros poços de petróleo e gás. Os problemas ambientais mais frequentemente comunicados são: a degradação dos solos, das águas subterrâneas, das águas superficiais e dos ecossistemas que suportam **[Otton 2006]**. Uma vez que muitas águas produzidas contêm níveis elevados de iões dissolvidos (sais), hidrocarbonetos e oligoelementos, as descargas de águas produzidas não tratadas podem ser prejudiciais para o ambiente circundante.

Grandes volumes de água podem também ter um impacto no ambiente através da erosão, de grandes bacias de descarga e de infra-estruturas de condutas e estradas. Os derrames associados ao transporte de água e as descargas não planeadas são todos riscos associados à gestão da água produzida. O volume da massa de água recetora é fundamental para determinar os impactos ambientais, uma vez que as descargas no oceano oferecem uma diluição significativa, enquanto os pequenos rios têm uma capacidade de diluição reduzida. As propriedades físicas da água que causam problemas são a temperatura, a efervescência, as baixas concentrações de oxigénio dissolvido e o pH alto ou baixo, dependendo do tipo de poço.

O sódio é o catião dominante mais comum na água produzida. Níveis elevados de sódio competem com o cálcio, o magnésio e o potássio na absorção pelas raízes das plantas, pelo que o excesso de sódio pode levar a deficiências noutros catiões. Níveis elevados de sódio podem também conduzir a uma estrutura deficiente do solo e inibir a infiltração de água nos solos **[Davis, Waskom et al. 2007]**. A infiltração em águas subterrâneas pouco profundas é também um problema quando a água é utilizada para irrigação. A acumulação de minerais devido à troca iónica abaixo da superfície pode alterar a qualidade da água dos aquíferos pouco profundos subjacentes.

Os oligoelementos, nomeadamente o boro, o lítio, o bromo, o flúor e o rádio, estão também presentes em concentrações elevadas em certas águas de produção. Muitos oligoelementos são fitotóxicos e são adsorvidos no solo. Estes elementos podem mesmo permanecer no solo depois de a água salgada ter sido removida. As incrustações e lamas contendo rádio encontradas no equipamento dos campos petrolíferos e descarregadas nos solos representam riscos adicionais para a saúde humana e para os ecossistemas. A água meteórica aplicada a solos contaminados pode solubilizar metais e transportá-los para o subsolo. A precipitação e a solubilidade dos metais são factores importantes a considerar quando se aplicam estes constituintes aos solos.

2.5 Objectivos do estudo

Os objectivos deste projeto são os seguintes
(1) Verificar se a água produzida pode ser reutilizada

para irrigação, uma vez eliminados os parâmetros tóxicos.
(2) Fornecer a proporção ideal de água de saída através das unidades de desidratação para ser injectada no tanque de águas residuais para ser tratada como amostras da estação de tratamento.
(3) Identificar o nutriente necessário para utilização no tanque de lamas para melhorar a degradação dos hidrocarbonetos oxigenados.

3. Utilizações industriais da água produzida

3.1 Reutilização em operações de petróleo e gás

A reutilização de água produzida no local em operações de petróleo e gás inclui múltiplas aplicações, como a perfuração de poços, a fracturação hidráulica, a recuperação secundária de petróleo e a manutenção da pressão dos aquíferos, todas elas exigindo grandes volumes de água. O tratamento e a reciclagem da água produzida minimizam a utilização das reservas de água doce nestas práticas. A produção de água na cabeça do poço torna o recurso disponível no local, reduzindo os custos de transporte e de camionagem. Consequentemente, o mercado de tratamento da água produzida no local para cumprir as normas de qualidade da água torna-se económico quando os custos são comparados com o transporte de água doce no local nos volumes necessários para estas operações. A água tratada num ponto de recolha num campo de poços representa uma fonte local de água que está geralmente mais próxima da maioria dos poços do que as fontes de água doce. Embora existam muitas utilizações no local, duas delas são o desenvolvimento de poços através de fracturação hidráulica e a recuperação secundária através de técnicas de recuperação avançada de petróleo.

Recuperação melhorada de petróleo - A recuperação melhorada de petróleo (EOR) é utilizada para extrair petróleo adicional existente num reservatório, uma vez que apenas 20-40% do petróleo total existente pode ser recuperado por métodos de extração normais (Oil Technology Transfer Board). Existem várias técnicas de EOR como mecanismos de recuperação secundária. A injeção de água num aquífero transporta o petróleo para o poço de produção. A recuperação melhorada através da injeção de água e dióxido de carbono em campos petrolíferos esgotados pode extrair até 10% do petróleo remanescente. A EOR química utiliza um fluido injetado composto por produtos químicos que promovem o movimento dos hidrocarbonetos na formação para ajudar a recuperar mais produto de um poço (Petroleum Technology Transfer Council). Os volumes de água utilizados dependem do reservatório, enquanto as preocupações com a qualidade da água para injeção incluem a redução dos níveis de catiões divalentes e sílica para minimizar a incrustação. São produzidos dez barris de água por cada barril de petróleo bruto durante a EOR, que podem ser tratados e reutilizados para EOR posterior (Petroleum Technology Transfer Council). A água produzida noutros poços durante a produção pode ser utilizada e tratada para aplicações de EOR.

3.2 Supressão de poeiras

A água produzida é frequentemente gerada em regiões áridas propensas a poeiras. A água produzida pode ser utilizada para suprimir a poeira em estradas não pavimentadas em campos de petróleo e gás. Em geral, a pulverização de água produzida para a supressão de poeiras é bem controlada, de modo a que a água não seja aplicada para além dos limites da estrada ou em zonas de proteção em torno de passagens de água e na proximidade de edifícios (Veil). A água produzida também tem sido utilizada para a supressão de poeiras em minas de carvão a céu aberto.

3.3 Proteção contra incêndios

A água produzida pode ser utilizada para combater incêndios florestais ou para bocas de incêndio municipais e sistemas de aspersão. A água potável é frequentemente utilizada no combate a incêndios, mas os requisitos de qualidade da água utilizada no combate a incêndios não são rigorosos e a utilização de outras fontes de água não tem um efeito negativo no abastecimento de água potável.

Para utilizar a água produzida para proteção contra incêndios, o abastecimento de água deve ser facilmente acessível e conter um volume suficiente. Em 2002, a água produzida por CBM armazenada em reservatórios na bacia de San Juan foi efetivamente utilizada para combater um incêndio florestal perto de Durango, Colorado **(ALLConsulting 2003).**

3.4 Torres de arrefecimento

As torres de arrefecimento das centrais eléctricas necessitam de grandes volumes de água. À medida que a necessidade de água aumenta, são procuradas outras fontes de água para as torres de arrefecimento. Em alguns casos, é possível utilizar água produzida para satisfazer parte da procura de água de arrefecimento em centrais eléctricas localizadas perto da produção de água produzida (Veil 2003).

4. Avaliação das tecnologias de tratamento das águas produzidas

Uma vez que a água produzida pode conter muitos tipos diferentes de contaminantes e a concentração dos contaminantes varia consideravelmente, foram propostos muitos tipos diferentes de tecnologias de tratamento para tratar a água produzida. Na maioria das vezes, um sistema eficaz de tratamento de água produzida consiste em vários tipos diferentes de processos unitários utilizados em série para remover uma vasta gama de contaminantes que não podem ser removidos por um único processo. A remoção de orgânicos e de partículas, a dessalinização e a desinfeção são as principais classificações das tecnologias de tratamento de água produzida.

É apresentada uma comparação qualitativa das tecnologias de tratamento de água produzida para fornecer uma avaliação das vantagens e limitações de cada tecnologia para aplicações de água produzida. Os critérios utilizados para comparar as tecnologias são a robustez, a fiabilidade, a mobilidade, a flexibilidade, a modularidade, o custo, a procura de produtos químicos e de energia e os requisitos de eliminação de salmoura ou de resíduos.

- A robustez refere-se à capacidade do equipamento para suportar condições ambientais adversas, para ter uma elevada resistência mecânica e representa uma tecnologia em que a falha de um componente individual não afecta significativamente o desempenho global da tecnologia.
- A fiabilidade significa que a tecnologia requer um tempo de paragem mínimo, pode produzir uma qualidade de água consistente e não é propensa a

falhas.

• A mobilidade mede a facilidade com que o equipamento pode ser deslocado de um local para outro.

• A flexibilidade é a medida da capacidade da tecnologia para se adaptar a uma vasta gama de qualidades da água de alimentação e para gerir uma alteração na qualidade da água sem falhas ou redução da qualidade da água do produto.

• A modularidade refere-se à capacidade de implementar a tecnologia como um processo unitário numa gama de tecnologias de tratamento e à facilidade com que o sistema pode ser modificado para lidar com volumes de água variáveis.

Estes critérios foram identificados como os mais importantes para aplicações de água produzida, com base em estudos e contactos com representantes da indústria.

4.1 Tecnologias para inativação e eliminação de matéria orgânica, partículas e micróbios

A remoção de produtos químicos orgânicos e partículas é mais frequentemente exigida como uma etapa de pré-tratamento quando as tecnologias de dessalinização são utilizadas para tratar água produzida. As tecnologias consideradas nesta avaliação são: filtro biológico aerado, hidrociclone, flotação por ar dissolvido, adsorção, filtração suportada, oxidação, lagoas de decantação, decapagem por ar, zeólitos modificados com tensioactivos, zonas húmidas artificiais, carvão ativado granular, desinfeção por ultravioleta (UV) e microfiltração e ultrafiltração de cerâmica e polímero.

As tecnologias foram avaliadas de acordo com o facto de serem tecnologias emergentes ou estabelecidas e de já terem sido utilizadas para o tratamento de água produzida. A dimensão e o tipo de contaminantes removidos pela tecnologia e a recuperação global do processo são apresentados. As tecnologias foram então comparadas qualitativamente com base nos seguintes critérios: requisitos químicos e energéticos, requisitos de manutenção, facilidade de operação, custo, robustez, fiabilidade, flexibilidade, mobilidade, modularidade, volume de resíduos gerados e dimensão da instalação ou pegada.

4.1.1 Filtros biológicos aerados

O termo "filtro biológico aerado" (FBA) refere-se a uma classe de tecnologias, incluindo processos de crescimento de película fixa e anexa, filtros de desbaste, filtros intermitentes, filtros de leito compacto e filtros de gotejamento convencionais. Um FBA consiste num meio permeável, como pedra, cascalho ou plástico. A água a tratar flui sobre o meio e, com o tempo, gera uma película microbiana na superfície do meio. O meio facilita a oxidação bioquímica e a eliminação dos constituintes orgânicos. Trata-se de um processo aeróbio e as condições aeróbias são mantidas por bombas e ventiladores no sistema. A espessura da camada microbiana continua a aumentar à medida que o filtro é utilizado. Eventualmente, a camada microbiana torna-se suficientemente espessa para que parte da camada de lamas se torne anaeróbia e a camada microbiana comece a destacar-se para o efluente do filtro **(USEPA 1991).** O meio filtrante deve ter uma área de superfície elevada por unidade de volume, ser durável e pouco dispendioso. O tipo de meio filtrante é frequentemente determinado pelos materiais disponíveis no local. O meio pode ser pedra do campo ou cascalho, e cada pedra deve ter 1 a 4 polegadas de diâmetro para gerar um espaço poroso que não impeça o fluxo através do filtro e não entupa quando ocorre a formação de espuma **(EPA 1980).**

As BAF podem remover óleo, sólidos em suspensão, amoníaco e azoto, carência química de oxigénio, carência biológica de oxigénio, ferro, manganês, metais pesados, substâncias orgânicas solúveis, vestígios de substâncias orgânicas e sulfureto de hidrogénio. A remoção do ferro e do manganês nas BAF deve-se principalmente à oxidação química e não aos processos biológicos. Como as BAF não removem os constituintes dissolvidos, concentrações elevadas de sal podem reduzir a eficácia desta tecnologia devido aos efeitos tóxicos dos sais. A níveis de cloreto inferiores a 6.600 mg/L, a remoção de contaminantes não diminui com as BAF; a níveis de cloreto de 20.000 mg/L, há uma redução no crescimento das lamas e na remoção de CBO **(Ludzack e Noran 1965).** Esta tecnologia pode ser utilizada para tratar água com concentrações muito mais elevadas de contaminantes orgânicos do que as geralmente encontradas na água de produção de CBM.

A BAF é uma tecnologia bem estabelecida que tem sido usada há muitos anos para tratar água produzida **(Doran 1997; Su, Wang et al. 2007).** Devido à sua capacidade de remover óleos e gorduras, esta tecnologia tem sido utilizada principalmente para o tratamento de água produzida em campos petrolíferos **(Su, Wang et al. 2007).** As versões informais dos AFBs requerem um equipamento mínimo e podem ser feitas fazendo correr água sobre leitos rochosos. Estes tipos de AFB também têm sido utilizados no tratamento de água produzida por CBM para a remoção de ferro e de sólidos em suspensão.

A BAF é mais eficaz em águas com níveis de cloreto inferiores a 6.600 mg/L **(Ludzack e Noran 1965)**, concentrações de óleo inferiores a 60 mg/L, CQO inferior a 400 mg/L e CBO inferior a 50 mg/L. A concentração máxima de constituintes da água de alimentação para a qual esta tecnologia pode ser utilizada depende da remoção pretendida e dos requisitos de qualidade da água pretendidos. A capacidade de remoção dos BAFs depende da taxa de carga hidráulica no filtro e da qualidade da água bruta. As capacidades aproximadas de remoção desta tecnologia são as seguintes

- 60 a 90% de nitrificação
- 50 a 70% de azoto total (USEPA 1991; Ball 1994)
- 70 a 80% de óleo (Su, Wang et al. 2007)
- 30 a 60% CQO (Su, Wang et al. 2007)
- 85 a 95% de CBO (Su, Wang et al. 2007)
- 75 a 85% de sólidos suspensos **(Su, Wang et al. 2007)** Este processo recupera quase 100% da água. Os resíduos gerados resultam da decantação da camada microbiana que se desprende do suporte. A produção de resíduos, que é altamente dependente da qualidade da água, é de cerca de 0,4-0,7 libras de sólidos secos por 1.000 galões de água tratada (para tratamento de águas residuais) **(Ball 1994).** A remoção de sólidos é necessária para as lamas que se acumulam nos tanques de sedimentação, e a remoção de sólidos pode representar até 40% do custo total da tecnologia.

Prevê-se que esta tecnologia tenha uma longa vida útil. Os BAF requerem sedimentação a montante e a jusante, pelo que são muito volumosos e pouco móveis ou modulares. O controlo é muito reduzido e é necessário esvaziar ocasionalmente as bacias de sedimentação; não são necessários operadores qualificados para utilizar esta tecnologia. A BAF pode adaptar-se facilmente a quantidades e qualidades de água muito variáveis. O tempo de paragem e a necessidade de manutenção são reduzidos. A eletricidade é necessária para as bombas e ventiladores que arejam e fazem circular a água. A maior parte do custo global desta tecnologia é capital, e os custos de operação e manutenção (O&M) são muito baixos.

A sedimentação primária deve ser utilizada a montante dos BAF para permitir que todo o leito filtrante seja utilizado para a remoção de partículas não sedimentáveis, coloidais e dissolvidas, se a água exigir um elevado grau de remoção de contaminantes. A sedimentação também deve seguir o BAF para eliminar a camada microbiana que se desprende do filtro. Para além de bombas e ventiladores para o arejamento, pode ser necessário outro equipamento, como bocais de distribuição. A necessidade de energia para os BAFs é estimada em 1-4 quilowatts-hora por dia (kWh/dia). Não são necessários produtos químicos para este processo de tratamento **(USEPA 1980).**

4.1.2 Hidrociclone

Os hidrociclones são utilizados para separar sólidos de líquidos em função da densidade dos materiais a separar. Os hidrociclones têm normalmente uma secção cilíndrica no topo, onde o líquido é alimentado tangencialmente, e uma base cónica. O ângulo da secção cónica determina o desempenho e a capacidade de separação do hidrociclone. Os hidrociclones podem ser feitos de metal, plástico ou cerâmica e não têm partes móveis. O hidrociclone tem duas saídas: uma na parte inferior, designada por underflow ou rejeitado, para a fração mais densa, e outra, designada por overflow ou produto, na parte superior, para a fração menos densa do fluxo original **(K. Wagner 1986).**

Os hidrociclones podem ser utilizados para separar líquidos e sólidos ou líquidos de diferentes densidades. Os hidrociclones podem ser utilizados para remover partículas e óleo da água produzida. Dependendo do modelo de hidrociclone utilizado, podem remover partículas na gama de 5 a 15 micrómetros (pm) (NETL). Os hidrociclones não removem os componentes solúveis do óleo e da gordura **(T. Hayes 2004).**

Os hidrociclones têm sido amplamente utilizados para tratar a água produzida e são comercializados por muitas empresas para o tratamento da água produzida **(Veil; Sinker 2007).** Os hidrociclones têm sido utilizados para tratar a salmoura de fratura no xisto Barnett **(Burnett 2005).** Neste estudo de investigação, os hidrociclones foram utilizados em combinação com argilas orgânicas como um pré-tratamento para osmose inversa.

Os hidrociclones podem ser utilizados para tratar água com elevadas concentrações de sólidos e químicos orgânicos, e podem reduzir as concentrações de óleos e gorduras para 10 ppm. Esta tecnologia recupera uma grande parte da água do produto. O resíduo gerado por um hidrociclone é uma lama concentrada de sólidos. Este é o único resíduo que precisa de ser eliminado.

Os hidrociclones não necessitam de pré-tratamento ou

pós-tratamento. O hidrociclone em si não necessita de produtos químicos ou energia; no entanto, pode ser necessária uma bomba de transferência para fornecer água ao hidrociclone ou para recuperar a pressão perdida através do hidrociclone. O hidrociclone é o único equipamento necessário. Não necessita de energia, a não ser que a configuração da instalação exija uma bomba de transferência para transportar a água para o hidrociclone. Dependendo do tamanho e da configuração do hidrociclone, pode ocorrer uma queda de pressão significativa através do hidrociclone.

Os hidrociclones têm uma longa vida operacional porque não têm peças móveis; no entanto, podem sofrer abrasão quando tratam água com elevadas concentrações de partículas. Os sólidos podem bloquear a entrada e pode ocorrer a formação de incrustações, exigindo limpeza; no entanto, a limpeza típica é mínima.

4.1.3 Flutuante

A flotação é um processo em que são utilizadas bolhas de gás finas para separar pequenas partículas em suspensão que são difíceis de separar por decantação ou sedimentação. O gás é injetado na água a ser tratada e as partículas e gotículas de óleo suspensas na água são ligadas a bolhas de ar, que sobem à superfície. O resultado é a formação de espuma à superfície, que é normalmente removida por escumação. O gás dissolvido pode ser ar, azoto ou outro tipo de gás inerte. A flotação por ar/gás dissolvido também pode ser utilizada para remover matéria orgânica volátil, óleos e gorduras. As unidades de flotação por ar dissolvido têm sido amplamente utilizadas para o tratamento de água produzida **(Casaday 1993; Hayes**

2004; Cakmakce, Kayaalp et al. 2008).

A tecnologia de flotação por gás divide-se em duas categorias: flotação por gás dissolvido (DGF) e flotação por gás induzido (IGF). Estas duas tecnologias diferem no método utilizado para gerar bolhas de gás e no tamanho das bolhas obtidas. Nas unidades DGF, o gás (geralmente ar) é introduzido na câmara de flotação, que é preenchida com uma solução totalmente saturada. No interior da câmara, o gás é libertado através da aplicação de vácuo ou da criação de uma rápida queda de pressão. A tecnologia IGF utiliza cisalhamento mecânico ou hélices para criar bolhas que são introduzidas no fundo da câmara de flotação **(Veil 2007).**

A coagulação pode ser utilizada como um pré-tratamento para a flotação. A eficiência do processo de flotação depende das diferenças de densidade entre o líquido e os contaminantes a serem removidos. Depende também do tamanho das gotículas de óleo e da temperatura. A minimização do tamanho das bolhas de gás e a obtenção de uma distribuição uniforme das bolhas de gás são essenciais para uma remoção efectiva **(Casaday 1993).** A flotação funciona bem a temperaturas frias e pode ser utilizada em águas com baixas ou altas concentrações de COT. É excelente para a remoção de matéria orgânica natural (NOM) e pode ser utilizada para tratar águas contendo COT, óleos e gorduras e partículas <7% de sólidos **(Burke).**

Não é ideal para fluxos de alimentação a alta temperatura.
A flotação por ar dissolvido (DAF) pode remover partículas tão pequenas como 25pm. Se a coagulação

for adicionada ao pré-tratamento, a flotação por ar dissolvido pode remover contaminantes tão pequenos como 3 a 5pm (NETL). Num estudo relatado

removeu 93% dos hidrocarbonetos **(ALL 2003).** A flotação não pode remover componentes solúveis de petróleo da água. A água no produto é quase 100% com esta tecnologia.

Uma vez que a flotação envolve a dissolução de um gás na corrente de água, funciona melhor a baixas temperaturas. A temperaturas mais elevadas, é necessária uma maior pressão para dissolver o gás na água.

É necessária energia para pressurizar o sistema e dissolver o gás no fluxo de alimentação. Pode ser adicionado um coagulante químico para melhorar a remoção de contaminantes específicos. O coagulante químico e os custos de bombagem são os principais componentes dos custos de funcionamento e manutenção da flotação. Os custos de tratamento estão estimados em $0,60 por metro cúbico **(Cakmakce, Kayaalp et al. 2008).** A remoção de sólidos será necessária para as lamas geradas pela flotação.

4.1.4 Adsorção

A adsorção pode ser conseguida utilizando uma variedade de materiais, incluindo zeólitos, organoclays, alumina activada e carvão ativado. Os produtos químicos não são necessários para o funcionamento normal dos processos de adsorção. Os produtos químicos podem ser utilizados para regenerar os meios quando todos os locais activos estão ocupados. Periodicamente, o meio é lavado em contracorrente

para remover partículas grandes presas entre os espaços vazios do meio. Em geral, estes processos podem ser alimentados por gravidade e não necessitam de uma fonte de alimentação, exceto durante a retrolavagem.
Os adsorventes são capazes de remover ferro, manganês, carbono orgânico total, compostos BTEX, metais pesados e óleo da água produzida. A adsorção é geralmente utilizada como um processo unitário numa cadeia de tratamento e não como um processo autónomo. O adsorvente pode ser facilmente sobrecarregado por concentrações elevadas de matéria orgânica, pelo que este processo é mais bem utilizado como uma etapa de polimento do que como um processo de tratamento primário **(Veil 2007).** A adsorção é capaz de remover mais de 80% dos metais pesados **(Spellman 2003)** e recuperar quase 100% da água do produto.

A taxa de utilização do meio é um dos principais custos operacionais dos processos de adsorção e pode exigir uma substituição ou regeneração frequente, dependendo do tipo de meio e da qualidade da água de alimentação. Quando todos os sítios activos do material adsorvente tiverem sido consumidos, o material deve ser regenerado ou eliminado. A regeneração dos materiais produz um resíduo líquido que tem de ser eliminado. A eliminação de resíduos sólidos é necessária quando o material tem de ser completamente substituído.

Haverá uma perda de pressão através do filtro; no entanto, dependendo da configuração da instalação, isto pode não exigir bombas adicionais. Serão necessárias bombas para a retrolavagem dos filtros. A adsorção é melhor utilizada como uma fase de polimento para evitar a utilização rápida do material adsorvente. É necessária uma eliminação de resíduos para os meios usados ou para os resíduos produzidos durante a regeneração dos meios.

4.1.5 Filtragem de meios

A filtração pode ser efectuada com diferentes tipos de meios: casca de noz, areia, antracite e outros. A filtração é uma tecnologia muito utilizada para as águas de processo, nomeadamente os filtros de casca de noz para a eliminação de óleos e gorduras. Existem muitos fornecedores que comercializam tecnologias de filtração específicas para a água de produção.

A filtração não remove iões dissolvidos e o desempenho do filtro não é afetado por concentrações elevadas de sal, pelo que a filtração pode ser utilizada para todas as categorias de TDS, independentemente do tipo de sal. A filtração pode ser utilizada para remover óleos, gorduras e TOC da água de processo, com taxas de remoção de óleos e gorduras superiores a 90%. A eficiência da remoção pode ser melhorada através da utilização de coagulação a montante do filtro. A filtração recupera quase 100% da água; parte do filtrado pode ser utilizado para a retrolavagem.
Estes processos requerem um mínimo de energia. É necessária energia para a retrolavagem do filtro. Pode ser adicionado um coagulante à água de alimentação para aumentar o tamanho das partículas e melhorar a separação. Podem ser necessários produtos químicos para a regeneração do meio filtrante. Haverá uma perda de pressão através do filtro; no entanto, dependendo da configuração da instalação, isto pode não exigir

bombas adicionais. Serão necessárias bombas para a retrolavagem do filtro. É necessária a eliminação de resíduos sólidos para os meios usados ou para os resíduos produzidos durante a regeneração dos meios.

4.1.6 Oxidação

O tratamento por oxidação química pode ser utilizado para remover ferro, manganês, enxofre, cor, sabores, odores e produtos químicos orgânicos sintéticos. A oxidação química baseia-se em reacções de oxidação/redução, que consistem em duas semi-reacções: a reação de oxidação, em que uma substância perde ou cede electrões, e a reação de redução, em que uma substância aceita ou ganha electrões. As reacções de oxidação e redução ocorrem sempre em conjunto, uma vez que os electrões livres não podem existir em solução e os electrões devem ser conservados **(AWWA 2005).** Os oxidantes comuns utilizados em aplicações de tratamento de água são o cloro, o dióxido de cloro, o permanganato, o oxigénio e o ozono. O oxidante apropriado para uma determinada aplicação depende de muitos factores, incluindo a qualidade da água bruta, os contaminantes específicos presentes na água e os custos locais de produtos químicos e energia **(AWWA 2005).** A oxidação química está bem estabelecida, é fiável e requer um equipamento mínimo **(Reclamation 2003).** A oxidação pode ser utilizada para remover matéria orgânica e alguns compostos inorgânicos (por exemplo, ferro e manganês) da água produzida. A taxa de remoção ou oxidação pode ser controlada pela dose química aplicada e pelo tempo de contacto entre os oxidantes e a água, com 100% de recuperação da água de alimentação.

A dosagem de produtos químicos é necessária. O

consumo de energia representa normalmente cerca de 18% dos custos totais de funcionamento e manutenção dos processos de oxidação, para além do elevado custo dos produtos químicos. As bombas de dosagem de produtos químicos são componentes essenciais do processo de oxidação. O equipamento de dosagem de produtos químicos pode ter uma vida útil de 10 anos ou mais. É necessária uma calibração e manutenção periódicas das bombas doseadoras de produtos químicos. Os custos de capital podem ser próximos de $0,01 por galão por dia (gpd), e os custos de operação e manutenção podem ser de cerca de $0,05 por quilogalão (kgal) (>$0,01 por barril). Os processos de oxidação não geram resíduos.
Não é necessário qualquer pré-tratamento para a oxidação. Pode ser necessário um pós-tratamento de separação de sólidos para remover as partículas oxidadas. São necessárias bombas doseadoras de produtos químicos para o doseamento. Pode ser necessário algum equipamento para produzir o oxidante e os custos químicos podem ser elevados.

4.1.7 Estabelecer-se

A decantação pode ser efectuada utilizando um tanque ou uma bacia. Neste processo, as partículas são removidas por sedimentação por gravidade. Os tanques de decantação requerem uma grande área e medidas de mitigação ambiental para proteger a flora e a fauna. O volume do tanque de decantação necessário depende do tempo de residência hidráulica necessário para o nível desejado de remoção de contaminantes. Os tanques de decantação serão muito provavelmente utilizados em combinação com outros processos de tratamento. Não há requisitos químicos, mas podem ser utilizados produtos químicos para melhorar a sedimentação. Os requisitos em termos de infra-estruturas incluem revestimentos. Os tanques de decantação são utilizados para remover partículas grandes da água da fonte. O grau de remoção de partículas e o tamanho das partículas removidas dependem do tempo de retenção da água na bacia.

4.1.8 Decapagem por ar

A purificação do ar é utilizada principalmente para eliminar produtos químicos orgânicos voláteis (COV), oxidar contaminantes como o ferro e o manganésio, melhorar o sabor ou eliminar odores. A purificação do ar é uma MTD da USEPA para determinados produtos químicos orgânicos (COV), incluindo o benzeno, o tolueno, o xileno e o tri/tetracloroetileno, trihalometanos, cloreto de vinilo e muitos outros.

A decapagem por ar é o processo de transferência de um contaminante da fase líquida para a fase gasosa. Neste processo, o ar e a água são postos em contacto numa coluna de enchimento concebida para maximizar a superfície de contacto entre a água e o ar. O desempenho da purificação do ar depende de factores como :

• Caraterísticas da matéria volátil (pressão parcial, constante da lei de Henry, resistência à transferência de gás, etc.) **(AWWA 2005, Water Treatment Plant Design)**
• Temperatura da água e do ar ambiente
• Turbulência nas fases gasosa e líquida
• Relação superfície/volume
• Tempo de exposição

É necessária uma conceção adequada da coluna de enchimento para garantir o nível desejado de remoção de contaminantes com base na temperatura de funcionamento do processo e na constante de Henry do contaminante alvo. A incrustação pode ocorrer quando o cálcio excede 40 mg/L, o ferro excede 0,3 mg/L, o magnésio excede 10 mg/L e o manganês excede 0,05 mg/L. A bioincrustação também pode ocorrer dependendo da qualidade da água de alimentação **(U.S. Army Corps of Engineers 2001**).

Os arejadores de pulverização dissipam a água num ângulo vertical ou inclinado, dividindo-a em pequenas gotas. Os arejadores de tabuleiros múltiplos utilizam tabuleiros de conceção única para aumentar a área de arejamento. Os arejadores em cascata e em cone permitem que a água flua para baixo sobre uma série de deflectores ou tabuleiros **(AWWA 2005).**

Existem dois tipos principais de arejadores de pressão: um que pulveriza água sobre um tanque que é constantemente abastecido com ar comprimido, e outro que injecta ar comprimido diretamente num tubo pressurizado, adicionando bolhas de ar finas à água corrente **(AWWA 2005).**

Os arejadores de difusão são semelhantes aos arejadores de pressão, mas são concebidos para permitir que as bolhas de ar se difundam para cima através do tanque de água para ajudar a produzir turbulência e mistura **(AWWA 2005).**

Os arejadores mecânicos utilizam uma roda acionada por um motor para misturar o ar. Por vezes, são utilizados em combinação com um dispositivo de injeção de ar **(AWWA 2005).**

A depuração do ar é uma tecnologia comprovada e amplamente utilizada, capaz de ser uma adição discreta a um processo de tratamento, com elevada eficiência de remoção de contaminantes (> 99%) **(U.S. Army**

Corp of Engineers, 2001). Os sistemas de depuração do ar devem ser corretamente concebidos para assegurar um equilíbrio adequado entre o ar e a água, a fim de evitar inundações ou um fluxo de ar excessivo **(U.S. Army Corp of Engineers, 2001)**; a incrustação e a bioincrustação podem afetar o desempenho do depurador de ar.

4.1.9 Biorreactor de fase de vapor de zeólito modificado com surfactante

As zeólitas são aluminossilicatos hidratados naturais com uma grande área de superfície. Devido à sua forma e tamanho naturais, os zeólitos são adequados para aplicações de fluxo contínuo ou para leitos fluidizados. O tratamento dos zeólitos com tensioactivos catiónicos altera a química da sua superfície, permitindo-lhes absorver solutos orgânicos não polares. Estes materiais são também capazes de trocar catiões ou aniões, mas a sua utilidade como tecnologia de dessalinização é questionável.

Foi efectuada uma grande quantidade de investigação sobre a utilização de zeólitos modificados com tensioactivos para a remoção de produtos químicos orgânicos da água produzida. Esta investigação sugere que este processo é uma tecnologia promissora para o tratamento de águas de produção **(Ranck, Bowman et al. ;**
Bowman 2003; Altare, Bowman et al. 2007).

4.1.10 Zonas húmidas artificiais

Uma das principais vantagens das zonas húmidas artificiais é que estes sistemas têm baixos custos de construção e de funcionamento. O custo estimado do tratamento de zonas húmidas artificiais é de 0,01 a 0,02 dólares por barril. No entanto, estes sistemas não são eficientes e a taxa de tratamento é lenta em comparação com outras tecnologias. A vida média de uma zona húmida construída é de cerca de 20 anos **(Shutes, 2001).**

Foi realizado um estudo para investigar um sistema híbrido de osmose inversa (OR) em zonas húmidas construído para o tratamento de água produzida. Este estudo mostrou que, embora a RO remova a maioria dos constituintes orgânicos e inorgânicos, não remove suficientemente os compostos orgânicos dissolvidos. Estes compostos foram eliminados pela zona húmida artificial. Foram efectuados testes de toxicidade com diferentes tipos de bactérias. Todas as espécies de bactérias tiveram uma taxa de sobrevivência mais elevada quando a água passou pela zona húmida artificial. Muitos parâmetros de qualidade da água aumentaram após a construção da zona húmida, como o TDS e o cálcio. O SAR diminuiu. A remoção de boro não foi abordada neste estudo, e foi mencionado que, para a irrigação, os níveis de boro na água tratada podem ser demasiado elevados **(Murry-Gulde 2003).**

4.1.11 Carvão ativado granular

O carvão ativado granular (CAG) pode ser utilizado para remover os seguintes contaminantes da água de processo: mercúrio, cádmio, matéria orgânica natural, compostos BTEX, químicos orgânicos sintéticos - em particular benzo(a)pireno, di(2-etil-hexil)adipato, di(2-etil-hexil)ftalato, hexaclorobenzeno, dioxinas e radionuclídeos.

Para as fontes de água que contêm níveis elevados de bactérias, pode ser necessário um pré-tratamento sob a forma de filtração e desinfeção antes do tratamento com carvão. A filtração antes do tratamento com CAG também pode ser necessária para a água com um elevado teor de TSS.

O CAG tem uma área de superfície de adsorção extremamente grande, tipicamente da ordem dos 73 acres por libra (acre/lb) (650 metros quadrados por grama [m2/grama]) a 112 acres/lb (1.000 m2/grama) **(AWWA, 2005, Water Treatment Plant Design).** O CAG é constituído por pequenos aglomerados de átomos de carbono empilhados uns sobre os outros e é produzido através do aquecimento da fonte de carbono (carvão, lenhite, madeira, cascas de nozes ou turfa) na ausência de ar, produzindo um material com um elevado teor de carbono. A isoterma de adsorção do carbono e da água de origem determina a capacidade total de remoção do contaminante. A remoção física de um contaminante por adsorção na superfície do carbono tem lugar na zona de transferência de massa. O breakthrough é definido como o ponto em que a concentração de um contaminante na unidade de adsorção do efluente excede o requisito de tratamento **(AWWA, 2005, Water Treatment Plant Design).** É importante ter em conta este tempo de rutura para que os objectivos de tratamento não sejam excedidos e as taxas de retrolavagem sejam optimizadas. A retrolavagem de um sistema de CAG segue os mesmos procedimentos gerais que um sistema convencional de filtração granular por gravidade. O CAG expande-se tipicamente 75-100% em volume, mas pode ser tão baixo como 50% **(AWWA, 2005, Water Treatment Plant Design).** O tempo de contacto do leito vazio é o volume do leito vazio dividido pelo caudal volumétrico de água através do carvão. Uma profundidade de leito típica pode conter até 50% de capacidade de bordo livre em excesso para além da capacidade concebida para permitir a expansão do leito durante a retrolavagem. As taxas de carga superficial, ou o volume de água que passa através de uma determinada zona, situam-se tipicamente entre 2 e 6 galões por minuto por pé quadrado (5 a 15 metros por hora) **(AWWA, 2005, Water Treatment Plant Design).**

O crescimento biológico pode ser desejável no CAG, resultando no que é conhecido como carbono biologicamente ativo (BAC). O BAC pode ser útil na remoção de carbono orgânico assimilável (AOC) e outros compostos biodegradáveis. Se for utilizado BAC, os filtros GAC são normalmente precedidos de ozonização, que decompõe o carbono orgânico numa forma mais assimilável. Este processo pode melhorar a remoção global de contaminantes pelo processo CAG. No entanto, o crescimento biológico deve ser controlado através de retrolavagens frequentes (uma vez de 5 em 5 dias). A utilização de cloro antes dos leitos não impedirá o crescimento, produzirá SPD que ocuparão mais sítios de adsorção do CAG e tornará o carbono mais frágil. Recomenda-se a desinfeção após os filtros de CAG para evitar o crescimento biológico no sistema de distribuição e para obter a maior remoção de COA na instalação. Se o crescimento biológico não for controlado e se desenvolverem condições anaeróbicas, surgirão problemas de odores e começarão a desenvolver-se organismos indesejáveis. O crescimento biológico excessivo pode levar a perdas significativas de carga e a uma redução da vida útil do filtro. Estes dois factores serão afectados mesmo com um crescimento biológico benéfico e devem ser considerados na conceção do CAG **(AWWA, 2005, Water Treatment Plant Design).**

É necessária uma reativação ou substituição regular do meio de carbono. Se a instalação de CAG for suficientemente grande, a regeneração pode ser efectuada no local, mas normalmente é efectuada fora do local. A regeneração no local não é geralmente eficaz, a menos que a taxa de esgotamento do carbono seja superior a 910 kg/dia **(AWWA, 2005, Water Treatment Plant Design).** A frequência da reativação depende do tipo de contaminante, da sua concentração, da taxa de utilização da água e do tipo de carvão utilizado. É necessário efetuar uma monitorização e testes cuidadosos no arranque e na fase de rutura para garantir a remoção do contaminante. É necessário enxaguar se o filtro de carvão não for utilizado durante vários dias, e pode ser necessária uma retrolavagem regular para evitar o crescimento bacteriano **(AWWA, 2005, Water Treatment Plant Design)**.

A eliminação dos meios usados é geralmente da responsabilidade do contratante que presta o serviço de substituição ou reativação dos meios. A eliminação das águas de lavagem e de enxaguamento é um fluxo de resíduos obrigatório, se incluído no projeto do filtro **(AWWA, 2005, Water Treatment Plant Design).**

Vantagens :

- Técnica de tratamento bem estabelecida
- Adequado para muitos produtos químicos orgânicos, NOMs e trihalometanos (THMs).

- Adequado para uso doméstico.
- Capaz de melhorar o sabor e o odor e de eliminar o cloro.

Limites :

- Custos de funcionamento e manutenção relativamente elevados para a regeneração de .
- A eficácia depende do tipo de contaminante, da sua concentração, da taxa de utilização da água e do tipo de carvão utilizado.
- Necessita de ser cuidadosamente monitorizado à medida que se aproximam os períodos de rutura.

4.1.12 Desinfeção ultravioleta

A desinfeção por ultravioleta (UV) é uma forma popular de desinfeção primária devido à sua facilidade de utilização, à ausência de produtos químicos e à ausência de subprodutos de desinfeção (DBP). A água é bombeada através de um reator UV, que está equipado com um conjunto de lâmpadas UV que fornecem doses de desinfeção de 30 a 50 megajoules por centímetro quadrado. Os agentes patogénicos são inactivados à medida que passam pelo reator. São expostos à luz UV durante um período pré-determinado, dependendo do nível de desinfeção necessário. Os reactores UV são geralmente instalados em circuitos fechados para o tratamento de água potável e em circuitos abertos para o tratamento de águas residuais. Existem vários tipos de lâmpadas UV, sendo as mais utilizadas as lâmpadas de vapor de mercúrio de baixa pressão e alta potência e as de média pressão **(Reclamation 2003)**. As lâmpadas estão alojadas dentro de mangas de quartzo no reator para as proteger de quebras.

O mecanismo de desinfeção por UV é a inativação por danos causados pelo UV ao ácido desoxirribonucleico (ADN) e/ou ao ácido ribonucleico (ARN) do microrganismo. É importante remover a matéria em suspensão da água que alimenta o sistema UV para evitar que os microrganismos sejam protegidos do UV pela matéria em suspensão. Este fenómeno é conhecido como o "efeito de sombra" em . A desinfeção por UV não fornece qualquer desinfetante residual. Consequentemente, pode ser necessária a adição de cloro ou cloramina como desinfetante secundário **(Reclamation 2003).**

A desinfeção é geralmente a fase final do tratamento na maioria das estações de tratamento de água. A maioria dos sólidos suspensos e/ou iões dissolvidos, se existirem, devem ser removidos antes da desinfeção. A desinfeção por UV não gera resíduos. O equipamento de UV, incluindo as lâmpadas, deve ser devidamente verificado para garantir que está a funcionar de acordo com as especificações técnicas. As lâmpadas envelhecem com o tempo e devem ser substituídas periodicamente. Deve também ser instalado um sistema de limpeza nos casquilhos das lâmpadas, uma vez que o próprio casquilho reage com os compostos presentes na água e reduz a transmissão UV se não for limpo **(Reclamation 2003).** Esta desinfeção tem um custo de capital elevado, estimado pela USEPA em 0,13 dólares por gpd.

4.1.13 Microfiltração/Ultrafiltração

A microfiltração (MF) tem o maior tamanho de poro (0,1-3 pm) da grande variedade de sistemas de filtração por membranas. A ultrafiltração (UF) tem tamanhos de poros entre 0,01 e 0,1 pm. Em termos de dimensão dos poros, a MF preenche a lacuna entre a ultrafiltração e a filtração granular. Em termos de dimensão caraterística das partículas, a gama MF abrange a parte inferior da gama das argilas convencionais e a metade superior da gama dos ácidos húmicos. Esta dimensão é inferior à das bactérias, algas e quistos, e superior à dos vírus. A MF é também utilizada para reduzir a turvação e remover sólidos em suspensão, *Giardia* e *Cryptosporidium.* As membranas de UF são utilizadas para remover vírus, cor, odor e alguma matéria orgânica natural coloidal **(Technologies 2008).** Ambos os processos requerem uma pressão transmembranar baixa (1-30 libras por polegada quadrada [psi]) para funcionar, e ambos são atualmente utilizados como pré-tratamento para tecnologias de dessalinização como a osmose inversa, a nanofiltração e a eletrodiálise, mas não podem remover o sal por si próprios **(Reclamation 2003).**

As membranas MF podem funcionar em separação cruzada ou filtração sem saída, onde não há fluxo de concentrado. Existem também duas configurações de bomba, sistemas de pressão ou de vácuo.

As membranas pressurizadas estão alojadas num tanque pressurizado e o fluxo é fornecido por uma bomba. Os sistemas de vácuo são membranas imersas em tanques não pressurizados e a água do produto é extraída por uma bomba de vácuo no lado do produto. As taxas de recuperação típicas situam-se entre 85 e 95% **(AWWA 2005).** Os caudais variam entre 20 e 100 galões por dia por metro quadrado, dependendo da aplicação. A retrolavagem é tipicamente utilizada para limpar membranas e é efectuada por períodos curtos (3-180 segundos) a intervalos relativamente frequentes (5 minutos a várias horas) **(AWWA 2005)**. A frequência e a duração da retrolavagem dependem da aplicação específica. A limpeza no local (CIP) também pode ser efectuada como uma técnica de limpeza principal periódica. Os agentes de limpeza típicos são o hipoclorito de sódio, o ácido cítrico, a soda cáustica e os detergentes. Podem ser acionados manualmente ou controlados automaticamente. A CIP é utilizada quando a retrolavagem e a retrolavagem quimicamente melhorada não conseguem restaurar o desempenho desejado **(Reclamation 2003).**

Os factores que influenciam a seleção das membranas são os seguintes

- Custo
- Percentagem de recuperação
- Percentagem de rejeição
- Caraterísticas da água bruta
- Pré-tratamento
- Os factores que afectam o desempenho são os seguintes
- Caraterísticas da água bruta
- Pressão
- Temperatura
- Controlo e manutenção regulares

Um filtro de auto-limpeza de 100 ppm é frequentemente utilizado para proteger as membranas e moderar a carga de partículas. Dependendo da qualidade da água bruta, pode ser adicionado um coagulante para formar flocos do tamanho de um alfinete e melhorar a descarga **(Reclamation 2003).**

4.1.13.1 Diafragma cerâmico MF/UF

As membranas cerâmicas UF e MF são fabricadas a partir de óxidos, nitretos ou carbonetos de metais como o alumínio, o titânio ou o zircónio **(Mulder 2003).** As membranas cerâmicas são muito mais resistentes do que as membranas poliméricas e são mecanicamente fortes, química e termicamente estáveis, podendo

atingir elevados caudais. Normalmente, é utilizada uma configuração tubular com um percurso de fluxo de dentro para fora, em que a água de alimentação flui dentro dos canais da membrana e percola através da estrutura de suporte para o exterior do módulo. Estas membranas são normalmente constituídas por pelo menos duas camadas: uma camada de suporte porosa e uma camada de separação.
As membranas cerâmicas são capazes de remover partículas, matéria orgânica, óleos e gorduras, bem como óxidos metálicos. As membranas cerâmicas, por si só, não conseguem remover iões dissolvidos e matéria orgânica dissolvida. A pré-coagulação, ou seja, a injeção de um coagulante químico a montante da membrana, melhora a eficiência da remoção do carbono orgânico dissolvido e das partículas mais pequenas. Tal como acontece com a UF e MF convencionais, é necessário um filtro de tela ou de cartucho como pré-tratamento para as membranas cerâmicas.

Foi efectuada uma grande quantidade de investigação sobre a utilização de membranas cerâmicas para tratar águas residuais e águas de produção contendo petróleo **(Faibish e Cohen 2001; Faibish e Cohen 2001; Konieczny, Bodzek et al. 2006; Lobo, Cambiella et al. 2006; Gutierrez, Lobo et al. 2008).** Esta investigação demonstrou que as membranas cerâmicas têm um melhor desempenho do que as membranas poliméricas em água contendo hidrocarbonetos. As membranas cerâmicas também têm sido utilizadas comercialmente para tratar a água de produção de petróleo **(Wallace 2005).** As membranas cerâmicas são utilizadas como parte de uma grande linha de tratamento de processo multi-unidades na Wellington

Water Works para tratar a água produzida nos campos petrolíferos.

As necessidades energéticas das membranas cerâmicas são inferiores às das membranas poliméricas. A infraestrutura necessária para as membranas cerâmicas é semelhante à de outros processos de membranas e inclui um tanque de rutura para a água de alimentação, uma bomba de alimentação, um suporte para os módulos de membranas, um sistema de dosagem química, se necessário, um tanque para a água filtrada e uma bomba e válvulas para os sistemas de retrolavagem e limpeza.
As membranas cerâmicas têm um custo de investimento mais elevado do que as membranas poliméricas. A utilização de membranas cerâmicas está a aumentar à medida que se realizam estudos de investigação e estudos-piloto. O custo de capital das membranas cerâmicas continuará a diminuir à medida que a sua utilização se for generalizando. As membranas cerâmicas requerem lavagens frequentes; os resíduos das lavagens devem ser eliminados. Se as membranas cerâmicas forem utilizadas em modo de fluxo cruzado, o fluxo residual terá de ser eliminado.

4.1.13.2 Membrana polimérica MF/UF

As membranas poliméricas MF/UF são fabricadas a partir de materiais como o poliacrilonitrilo (PAN) e o polivinilideno (PVDF). Como o mercado das membranas poliméricas de ultrafiltração é vasto, existem muitos vendedores e fornecedores destas membranas. Estas membranas são também relativamente baratas. Regra geral, os sistemas de acondicionamento são adquiridos e instalados pelo vendedor.

Uma consideração importante para as membranas poliméricas MF/UF é o teste de integridade para garantir que a membrana não está danificada e está a funcionar corretamente. Normalmente, a turvação do filtrado é monitorizada para dar uma indicação aproximada da integridade da membrana. A integridade da membrana pode ser testada através de um teste de decaimento da pressão. Neste teste, aplica-se ar pressurizado às membranas a uma pressão inferior à que faria com que o ar fluísse através da membrana e mede-se a diminuição da pressão. É necessária uma monitorização regular do desempenho da membrana para garantir que o sistema de membranas está a funcionar com a taxa de carga e o regime de retrolavagem mais eficientes. A vida útil das membranas é geralmente estimada em mais de 7 anos, sendo que as garantias do fabricante cobrem 5 anos em aplicações municipais.
A água produzida é isenta de sólidos em suspensão. A remoção de DOC é de cerca de 10%. Quase todo o carbono orgânico não dissolvido é removido, com 95% de remoção de hidrocarbonetos - 85 a 100%, dependendo da qualidade da água de alimentação e do modo de funcionamento (dead-end ou cross-flow).

Os resíduos incluem os resíduos de pré-tratamento, o fluxo de retrolavagem, o fluxo de retentado (se existir) e os resíduos CIP. Os fluxos de resíduos são descarregados nos esgotos ou tratados se forem descarregados em águas de superfície. Os fluxos de resíduos descarregados em águas de superfície são geralmente tratados para remover a turvação utilizando tanques de decantação ou outros sistemas de tratamento. Os resíduos CIP são neutralizados e geralmente combinados com o resto dos resíduos.

Os custos de capital dos sistemas de UF poliméricos variam consoante a dimensão da instalação e a qualidade da água de alimentação. Os custos de capital aproximados são da ordem de 1 a 2 dólares por gpd, e os custos de funcionamento e manutenção são da ordem de 1 a 2 dólares por kgal.

Bierle et al. efectuaram um estudo piloto utilizando uma membrana UF de três passagens para tratar a água produzida a uma temperatura de 130 graus Fahrenheit (°F) para reduzir a concentração total de carbono orgânico da água produzida de 29 mg/L para 11,9 mg/L **(Bierle 2005).**

4.2 Tecnologias de dessalinização

São necessárias tecnologias de dessalinização para reduzir a concentração total de sólidos dissolvidos e a concentração de iões, que são demasiado elevadas para a utilização benéfica desejada da água co-produzida. As tecnologias de dessalinização dividem-se nas seguintes categorias: tecnologias de membrana, térmicas e alternativas. As tecnologias de dessalinização, combinadas entre si e designadas por tecnologias híbridas, são frequentemente utilizadas para reduzir o custo energético do processo ou para melhorar a recuperação da água produzida. Foram avaliados os seguintes processos de membrana: osmose inversa,

nanofiltração e eletrodiálise (ED). Os processos de membrana híbridos considerados são a nanofiltração de duas passagens, a RO dupla com precipitação química, a RO dupla com HERO™, a RO dupla com precipitação de lamas semeadas e a eletrodiálise de alta eficiência. As tecnologias de dessalinização térmica incluídas neste relatório são: destilação por membrana, destilação flash em várias fases, destilação de múltiplos

efeitos, destilação a vapor, destilação de água e destilação de ar.
compressão e evaporação por congelação e descongelação. Os processos comerciais avaliados são os seguintes: CDM HERO, Veolia OPUS, Altela Rain e 212 Resources.

As tecnologias foram avaliadas de acordo com o facto de serem tecnologias emergentes ou estabelecidas e de já terem sido utilizadas para o tratamento de águas de processo. A gama de aplicabilidade destas tecnologias em termos de TDS, a sua rejeição de sal e a sua recuperação de água produzida são também apresentadas. São igualmente apresentadas as capacidades específicas de rejeição de sódio, matéria orgânica e metais pesados. As tecnologias foram então comparadas qualitativamente com base nos seguintes critérios: requisitos de pré-tratamento, requisitos químicos e energéticos, requisitos de manutenção, facilidade de funcionamento, custo, robustez, fiabilidade, flexibilidade, mobilidade, modularidade, volume de resíduos gerados e dimensão ou pegada da instalação.

4.2.1 Osmose inversa e nanofiltração

As membranas de osmose inversa e de nanofiltração também podem ser utilizadas para remover o sal da água produzida. As membranas de osmose inversa funcionam segundo o princípio de que deve ser aplicada ao sistema uma pressão superior à pressão osmótica da solução de alimentação, para forçar a água a passar através da membrana e rejeitar o sal. A pressão osmótica é uma função da salinidade da água. No caso de água com salinidade muito elevada, a pressão osmótica e, por conseguinte, a pressão de funcionamento do sistema, é muito elevada. Para água com elevada salinidade, a osmose inversa não é uma solução prática. A osmose inversa é geralmente considerada uma tecnologia de tratamento rentável para água do mar ou com salinidade até 40.000 ppm de TDS.

A investigação atual sobre a utilização de membranas OR e NF para o tratamento da água produzida salienta a tendência da incrustação orgânica para aumentar o custo do tratamento e reduzir a eficiência do processo **(Mondal e Wickramasinghe 2008).** É necessário selecionar tecnologias de pré-tratamento eficientes e materiais de membrana adequados para um tratamento eficaz da água produzida por OR e NF.

Melo et al. estudaram a utilização de RO e NF para o tratamento de águas de processo. Utilizaram a separação óleo/água, o amaciamento a quente, os filtros de areia, a permuta iónica e a filtração em cartucho como pré-tratamento para a OR e a FN. A RO e a NF atingiram os objectivos de tratamento; no entanto, não foram apresentados dados sobre incrustações, sendo necessário um estudo mais aprofundado para determinar a adequação da água para utilização benéfica, as condições óptimas de funcionamento do processo e os efeitos da água produzida no solo para fins de irrigação **(Melo, Schluter et al.).**

Mondal et al. observaram incrustações orgânicas significativas nas membranas RO e NF durante o tratamento de água produzida. Verificaram que as membranas lisas, hidrofílicas e de grande MWCO eram as que apresentavam menos incrustações **(Mondal e**

Wickramasinghe 2008).
Sagle et al. desenvolveram revestimentos resistentes a incrustações para membranas RO para minimizar o potencial de incrustação da água produzida utilizando hidrogéis de polietileno **(Sagle, Van Wagner et al. 2009).**

4.2.2 Eletrodiálise/Reversão da eletrodiálise

A eletrodiálise é um processo elétrico que consiste numa pilha de membranas de transferência de catiões e membranas de transferência de aniões entre um ânodo e um cátodo. É passada uma corrente eléctrica através da água. Os sais dissolvidos na água existem sob a forma de iões e migram para o elétrodo com a carga oposta. A membrana de transferência de aniões só permite a passagem de iões com carga negativa e a membrana de transferência de catiões só permite a passagem de iões com carga positiva. As membranas de transferência de aniões e catiões estão dispostas alternadamente numa célula. As membranas são impermeáveis à água. Estes sistemas funcionam a uma pressão muito baixa, geralmente inferior a 25 psi. A inversão da eletrodiálise também pode ser utilizada quando a carga do elétrodo é frequentemente invertida. Isto evita a acumulação de incrustações, biofilme e outros contaminantes na superfície da membrana.
A energia necessária para o tratamento com ED está relacionada com o TDS da água - quanto maior for o TDS, maior será a energia necessária para o tratamento. A investigação atual sugere que a ED não é competitiva em termos de custos para o tratamento de água com um TDS superior a 1500 mg/L. **Sirivedhin et al.** testaram a DE em cinco tipos de água produzida simulada com SDR alto e baixo, utilizando membranas Neosepta. Descobriram que, a 6,5 volts por célula, a

ED não era capaz de produzir água com uma SAR que fosse adequada para irrigação, porque a ED remove iões divalentes em maior medida do que iões monovalentes **(Sirivedhin, McCue et al. 2004).** Se a DE, utilizando membranas selectivas de iões divalentes, for utilizada para tratar a água produzida para utilização benéfica como água de irrigação, será necessário adicionar cálcio e/ou magnésio à água para baixar a SAR.

4.2.3 Osmose direta

A osmose a jusante é um processo de membrana baseado na pressão osmótica. A osmose a jusante utiliza a água de alimentação a ser tratada como um fluxo de tratamento diluído e a água é movida através da membrana do fluxo de água de alimentação diluído para um fluxo de salmoura concentrado com elevada pressão osmótica. O fluxo de salmoura concentrada é designado por solução de sucção. Para que a osmose direta seja rentável, os componentes que contribuem para a elevada pressão osmótica no fluxo de salmoura devem ser facilmente removidos para deixar um produto de água doce.

4.2.4 Processos de membranas híbridas

4.2.4.1 Nanofiltração de duas passagens

A nanofiltração de duas passagens envolve o tratamento da água produzida com nanofiltração e, em seguida, o tratamento da água permeada novamente com nanofiltração. Este processo é utilizado para obter um fluxo de permeado com TDS ainda mais baixo do que um processo de NF de passagem única e consome menos energia do que a osmose inversa. A Western Environmental testou este processo para água produzida **(Bierle 2008).**

4.2.4.2 RO dupla com precipitação química

A OR dupla com precipitação química consiste num processo de OR primária. O concentrado da primeira OR é tratado com amaciamento de cal e depois alimentado a uma segunda fase de OR. Os fluxos de permeado de ambos os processos de OR são recolhidos e fornecem a água do produto para este processo. As recuperações registadas para este processo são de 95% e superiores para aplicações de água salobra. A utilização deste processo melhora a recuperação do processo de OR, mas requer produtos químicos, equipamento e espaço adicionais.

4.2.4.3 RO duplo com pré-tratamento de amaciamento e funcionamento com pH elevado

Este processo patenteado chama-se HERO™ e consiste no amaciamento químico como fase de pré-tratamento, numa OR primária e na troca iónica, desgaseificação e aumento do pH do concentrado da primeira fase da OR. O fluxo de concentrado tratado é depois tratado por uma OR secundária. A água produzida pelas unidades de OR primária e secundária é combinada para formar a água do produto para este processo. Tal como acontece com a OR dupla com precipitação química, este processo foi concebido para aumentar a recuperação da água produzida pelo processo. As recuperações registadas situam-se entre 90% e 95%.

4.2.4.4 RO dupla com precipitação de lamas e RO de reciclagem (SPARRO)

Neste processo, é utilizada uma unidade de membrana de osmose inversa de fase única, e o concentrado do processo de osmose inversa é tratado utilizando uma lama de cristais semeados para precipitar sais pouco solúveis da água. Os cristais são então separados do fluxo de tratamento do concentrado utilizando um separador de ciclone, e a água restante é reciclada para a alimentação da osmose inversa.

4.2.4.5 Eletrodiálise de alta eficiência (HEED®)

O HEED® é um processo electromembranar em que os iões são transportados através de uma membrana de um compartimento para outro sob a influência de um potencial elétrico. O HEED® consiste em membranas de permuta iónica duplas ou múltiplas colocadas lado a lado e contém uma vedação melhorada que permite obter uma maior eficiência do que os processos tradicionais de DE (Corporation 2008). O HEED® é mais resistente à incrustação orgânica do que a OR ou a NF.

4.2.4.6 Electrodeionização

A electrodeionização (EDI) utiliza resinas de permuta iónica, membranas de permuta iónica e corrente eléctrica direta. A principal diferença entre a ED e a EDI é que os compartimentos de dessalinização na EDI são preenchidos com uma resina de permuta iónica. Os iões são transportados para a resina de permuta iónica por difusão; são depois transportados através da resina pela corrente. A corrente flui através da resina de permuta iónica porque esta via é mais condutora de eletricidade. Este processo elimina as espécies fracamente ionizadas e permite dessalinizar a água até concentrações muito baixas.

4.2.5 Processos térmicos

4.2.5.1 Destilação flash em várias fases

A destilação flash em várias fases transforma a água

em vapor a baixa temperatura no vácuo. À pressão de vácuo, o ponto de ebulição da água é mais baixo do que à pressão atmosférica, exigindo menos energia. A água é pré-aquecida e depois sujeita a pressão de vácuo, o que faz com que o vapor se escape do líquido quente. O vapor é então condensado para formar água fresca, enquanto a restante salmoura concentrada que não se evapora é enviada para a câmara seguinte, onde ocorre um processo semelhante. As múltiplas fases são concebidas para melhorar a recuperação do processo. A maioria das instalações de dessalinização de água do mar mais antigas utiliza o processo de destilação flash em várias fases.

4.2.5.2 Destilação de efeito múltiplo

Na destilação de múltiplos efeitos, o vapor do primeiro evaporador é condensado no segundo evaporador e o calor da condensação é utilizado para evaporar a água no segundo evaporador. Cada evaporador da série é designado por "efeito".

4.2.5.3 Compressão de vapor

No processo de compressão de vapor, a água de alimentação é pré-aquecida num permutador de calor pelos fluxos de produtos e resíduos do processo. Este processo utiliza um alambique com tubos. A água é enviada para o interior dos tubos e os vapores são enviados para o exterior dos tubos para condensar. Os gases que não condensam são removidos do espaço de condensação de vapor por uma bomba de ventilação ou ejetor. A bomba mecânica ou ejetor é um requisito deste processo e é necessária para aumentar a pressão do vapor para provocar a condensação. A compressão de vapor tem sido utilizada para o tratamento de água de processo e estão atualmente a ser comercializados produtos para esta aplicação.

4.2.5.4 Destilação com membrana

A destilação por membrana é um processo de membrana térmica que utiliza o gradiente de pressão de vapor entre a solução de alimentação e a solução do produto como força motriz. A membrana é hidrofóbica e microporosa. O fluxo e a rejeição de sal neste processo são independentes da salinidade da água de alimentação. Existem muitas configurações diferentes para a aplicação da destilação por membrana.

4.2.6 Processos alternativos de dessalinização

Os processos alternativos de dessalinização não se enquadram nas categorias térmica ou de membrana e utilizam outros materiais e mecanismos para a dessalinização.

4.2.6.1 Desionização capacitiva

Na desionização capacitiva, a água passa através de pares de eléctrodos de carbono de grande área que são mantidos a uma diferença de potencial de 1,2 volts no local. Os iões e outras partículas carregadas são atraídos para os eléctrodos com cargas opostas. Os iões e outras partículas carregadas são atraídos para o elétrodo de carga oposta. Quando os eléctrodos estão saturados de iões, têm de ser regenerados removendo o potencial aplicado e expulsando os iões do sistema.
Os eléctrodos de aerogel de carbono têm uma área de superfície relativamente elevada (500 m^2/g) e oferecem uma elevada condutividade eléctrica e permeabilidade aos iões. No entanto, os eléctrodos são caros e têm uma capacidade de armazenamento de iões relativamente baixa.

4.2.6.3 Amaciamento

O amaciamento pode ser utilizado para remover a dureza e a sílica da água. Em geral, se a água for utilizada para fins agrícolas, o amaciamento não é recomendado porque, tal como acontece com a nanofiltração, a SAR será mais elevada após o tratamento devido à remoção de iões divalentes.

4.2.6.4 Troca de iões

O Higgins Loop™ é uma tecnologia de permuta de iões de sódio para água com uma elevada concentração de sódio. Este processo é benéfico se não existirem outros iões preocupantes para além do sódio e for necessário um ajuste de SAR. A resina de permuta catiónica do processo Higgins Loop™ troca iões de sódio por iões de hidrogénio. São alcançados níveis de troca até 90%. Quando a resina fica carregada com sódio, os fluxos para a parte de adsorção do processo são temporariamente interrompidos. A resina é então pulsada através do circuito na direção oposta ao fluxo de líquido. A resina carregada é então regenerada com ácido clorídrico e enxaguada antes de ser reintroduzida na parte de adsorção do circuito. A água tratada é ligeiramente ácida porque são adicionados iões H+ à água. Consequentemente, o pH é aumentado e o cálcio é adicionado através da passagem da água tratada por um leito de calcário na fase de controlo do pH do processo.

Para muitas águas produzidas, a remoção de iões de sódio terá um efeito significativo na concentração total de sólidos dissolvidos para tornar a água adequada para uma utilização benéfica.

Podem também ser utilizadas outras resinas de permuta

iónica para remover iões específicos. A resina pode ou não ser regenerada.

4.3 Processos empresariais

Atualmente, um grande número de empresas comercializa tecnologias de tratamento de águas de produção. A maior parte delas adapta as suas instalações para satisfazer as necessidades específicas de tratamento de cada aplicação. As secções seguintes apresentam um breve resumo de alguns dos sistemas de tratamento de água de produção disponíveis no mercado.

4.3.1 Congelar-descongelar-evaporar (FTE®)

A BC Technologies e a Crystal Solutions utilizam o processo FTE® para tratar a água de processo em instalações de grande escala. Neste processo, quando a temperatura do ar exterior é inferior a 32°F, a água a tratar é pulverizada ou gotejada sobre uma placa de congelação, formando uma grande pilha de gelo. Este processo explora o facto de a água salgada ter um ponto de congelação mais baixo do que a água doce, pelo que, a temperaturas inferiores a 32°F, o fluxo da pilha de gelo será uma salmoura salgada. Quando a temperatura é tal que ocorre a fusão, o escoamento é de água doce.

Este processo tem sido utilizado com sucesso para tratar água produzida e é considerado um processo estabelecido para o tratamento de água produzida.

4.3.2 Tecnologia de água produzida MDL

O CDM desenvolveu um processo para tratar água produzida contendo níveis de TDS até 20.000 mg/L.

Esta tecnologia não é específica para a água produzida por CBM. Esta tecnologia não é específica da água produzida por CBM e foi testada como piloto com água produzida por areias compactadas na Bacia de Piceance e com água produzida por CBM na Bacia do Rio Powder. A CDM também comercializa tecnologia para o tratamento de águas de refluxo provenientes de fracturação hidráulica subterrânea. O processo de tratamento consiste numa série de tecnologias diferentes concebidas para cumprir objectivos de tratamento específicos do local. Os processos específicos incluídos na cadeia de tratamento são ditados pela qualidade da água de alimentação e pela qualidade desejada da água do produto. As tecnologias que podem ser utilizadas incluem: filtração avançada, amaciador de água com catiões de ácido fraco, UV, tratamento de águas residuais, tratamento de água potável e tratamento de águas residuais.
desinfeção, RO de baixa pressão, adição de anti-incrustante, RO de água do mar/alta pressão, evaporação e cristalização. O fluxo de alimentação é mantido anóxico para minimizar a oxidação do ferro e de outros metais e para reduzir o potencial de incrustação da água. Dependendo da qualidade da água de alimentação, o processo pode atingir mais de 97% de recuperação. Foi desenvolvido um programa informático para ajudar a selecionar as tecnologias necessárias e prever o desempenho e a formação de incrustações no sistema em função da qualidade da água de alimentação.

O pré-tratamento do processo consiste em filtros de meios e membranas UF de fibra oca polimérica para remover partículas, lodo, óleo, gordura, finos de carbono, argila e bactérias. O sistema de filtração é lavado em contracorrente com permeado de osmose inversa. É utilizado um amaciador de água de catião ácido fraco (WAC) IX para reduzir a dureza e outros metais. A resina é regenerada com ácido clorídrico. A água é depois desinfectada por UV. A solução de regeneração WAC rica em cálcio e magnésio é combinada com o refluxo do filtro e é tratada separadamente ou combinada com os fluxos de produtos dos processos de membrana e descarregada, dependendo do cenário e da qualidade da água de alimentação.

Após o pré-tratamento, é utilizada a RO de baixa pressão (capaz de atingir 85% de recuperação). O tamanho do comboio e o tipo de membrana utilizada são adaptados à qualidade da água de alimentação. É adicionado um anti-incrustante (aproximadamente 10 mg/L) ao fluxo de concentrado para estabilizar a sílica e evitar a formação de incrustações na fase subsequente de OR a alta pressão. O segundo estágio de RO consiste em membranas de RO de alta pressão ou de água do mar que podem atingir 80% de recuperação de água. O permeado de RO é combinado com o permeado de RO de baixa pressão para ser descarregado ou utilizado corretamente. O concentrado, que representa cerca de 2-3% do volume inicial de alimentação, é eliminado como resíduo ou tratado para descarga sem líquidos (ZLD).

Uma vez que muitas águas produzidas contêm níveis elevados de sódio e níveis baixos de iões divalentes, a SAR pode ser demasiado elevada, mesmo após tratamento, para que a água possa ser utilizada de forma benéfica. Neste caso, é utilizado um leito de calcário para adicionar cálcio à água e baixar a SAR.

As seguintes estimativas de custos foram fornecidas com base na experiência piloto da bacia do rio Powder:

$0,14 por barril ou $3,33 por 1.000 galões (excluindo energia ou eliminação de salmoura); $0,08 por barril ou $1,90 por 1.000 galões para eliminação de salmoura. As estimativas de custos não foram fornecidas ao endereço para o projeto-piloto de águas produzidas de areias apertadas.

Para se adaptarem a volumes de água variáveis, os sistemas modulares podem ser concebidos para tratar volumes que vão desde 5.000 bbl/dia (200.000 gpd ou 145,8 gpm) a 20.000 bbl/dia (840.000 gpd ou 583 gpm), com unidades adicionais adicionadas ou removidas conforme necessário.

4.3.3 Veolia OPUS™

A Veolia Water está atualmente a comercializar o seu sistema de tratamento de água produzida, denominado OPUS™, que significa pré-tratamento optimizado e separação única. O OPUS™ utiliza a filtração e a permuta iónica como pré-tratamento para um sistema de osmose inversa que funciona com um PH elevado. O processo pode ser ligeiramente modificado, dependendo da qualidade específica da água da aplicação de água que está a ser produzida.

4.3.4 Altela RainSM (Evaporação)

Este processo utiliza um ciclo de humidificação-desumidificação para produzir água destilada. A água de alimentação é evaporada por ar quente num dos lados de uma parede de transferência de calor e a água fresca é condensada no outro lado. O condensado ou orvalho acumula-se no outro lado da parede e representa o fluxo de água purificada. Este processo tem sido utilizado para tratar a água produzida e tem sido objeto de vários testes-piloto.

4.3.5 (212)Recursos

212Resources está atualmente a comercializar um sistema de tratamento de águas de produção. O elemento central do processo é a compressão de vapor. O sistema de tratamento de pacotes também utiliza outros processos unitários num sistema de tratamento de pacotes; no entanto, os pormenores específicos do processo são exclusivos. A 212Resources afirma que o sistema de tratamento pode produzir água limpa e recuperar hidrocarbonetos e metanol comercializáveis.

4.4 Implicações da qualidade da água para as tecnologias de tratamento

Muitos factores específicos da aplicação e da qualidade da água têm de ser tidos em conta ao selecionar um processo de tratamento de água produzida. Por exemplo, a temperatura da água de alimentação pode ajudar a determinar o tipo de tratamento de dessalinização a utilizar, uma vez que algumas tecnologias funcionam de forma mais eficiente a temperaturas mais elevadas, enquanto outras utilizam um fluxo de alimentação a baixa temperatura. Da mesma forma, se for necessária a remoção de iões, deve ser tido em consideração o tipo de iões a remover. Os processos de membrana removem frequentemente iões divalentes em maior quantidade do que iões monovalentes, o que pode aumentar a taxa de adsorção de sódio e tornar a água menos adequada para uma utilização benéfica como água de irrigação ou de descarga superficial.

II. Materiais e metodologia :

A reutilização de efluentes para irrigação pode dar um contributo significativo para a gestão integrada dos nossos recursos hídricos. Por exemplo, como parte da nossa investigação na fábrica de LGN do Egito, em Port Saïd, concentrámo-nos na utilização da água produzida na irrigação, depois de eliminarmos os principais parâmetros nocivos, como o metanol, o glicol e o óleo estável na água, através da biodegradação da cadeia alifática única e do hidrocarboneto oxigenado com microrganismos na unidade de tratamento de águas residuais, e depois utilizámos o efluente produzido na irrigação.

Foram realizados testes de bancada com diferentes proporções de água produzida a partir de leitos de desidratação contendo um crivo molecular ativo para remover a água do gás antes do processo de fracionamento e diferentes proporções de água de esgotos do tanque de arejamento da unidade de tratamento de águas residuais com um fornecimento de ar para manter os microrganismos vivos.

O teor de óleo foi facilmente degradado por

microrganismos, mas os compostos oxigenados exigiram a adição de ureia como fonte de nutrientes para os microrganismos.

A fábrica de LGN no Egito tem 5 leitos de desidratação para a remoção de água do fluxo de gás de entrada que contém peneiras moleculares de diferentes tamanhos para a remoção de água e glicol, o gás tratado é distribuído através de 4 leitos de desidratação enquanto o quinto está no processo de regeneração passando gás quente para remover toda a água e metanol acumulado e glicol para eliminação em . A piscina de água oleosa é tratada através de um sistema de água oleosa para remover o óleo da água antes de enviar a água para outra empresa para eliminação.

A atual unidade de tratamento de águas oleosas (API Gravity Separator) produz com uma especificação mínima de 1000 mg/l de águas oleosas por técnica gravimétrica e não consegue eliminar os glicóis e o metanol injetado devido à sua miscibilidade na água.

A ideia de transferir a saída de água oleosa da unidade para o tanque de águas residuais para posterior utilização na irrigação começou a calcular a taxa de dosagem e a capacidade das lamas para digerir o óleo como um hidrocarboneto normal, bem como os glicóis.

O processo de simulação em bancada foi efectuado utilizando as lamas vivas com o ar do instrumento como aerador da unidade STP (unidade de tratamento de águas residuais) para manter as lamas vivas.

A concentração de óleo na água foi controlada pelo analisador de teor de óleo Horiba OCMA-350, utilizando o solvente de extração S316 (dímero/trimero de clorotrifluoroetileno).

Utilizámos o solvente S-316 para determinar quantitativamente o teor de óleo da amostra extraída. A solução de óleo/solvente é então simplesmente transferida para o analisador OCMA-350 para medição com o toque de um botão. A análise baseia-se em dados espectrais de infravermelhos (IR), com integração de picos (a aproximadamente 3,4 pm) para determinar a concentração de óleo. Como o solvente S-316 não é absorvente neste comprimento de onda de IR, apenas o óleo é medido. O óleo é medido com precisão até 0,01 mg/l. Quando o procedimento de extração é realizado utilizando 1:1 da amostra de efluente e o S-316 no funil de separação, todo o óleo

presente na água será extraído no S-136 e estará na camada inferior devido à diferença de densidade.
O S-316 puro será utilizado como branco e a concentração de óleo extraível será determinada. O S-316 usado pode ser reutilizado após recuperação utilizando carvão ativado e papéis de filtro de três camadas tratados com silicone e podemos confirmar a remoção de óleo medindo o S-316 de saída como uma amostra desconhecida.
Foram efectuados vários ensaios com diferentes proporções de água lamacenta em relação à água de descarga, a fim de encontrar as proporções e o tempo de decantação ideais para permitir que os microrganismos digerissem o óleo e os glicóis e obtivessem água de qualidade que pudesse ser utilizada para irrigação.

A monitorização contínua do teor de óleo da água de alimentação da unidade STP pelo analisador de teor de óleo Horiba OCMA-350 e a determinação da concentração de glicol e metanol foram monitorizadas por cromatografia gasosa Varian 3800, com a calibração do glicol mostrada nas Figuras (1 & 2).

A calibração do GC foi efectuada utilizando diferentes concentrações de água desionizada e glicol fresco, que são utilizados no terreno para reduzir o processo de hidratos no processo de produção de gás.

O primeiro teste foi efectuado com 5 proporções diferentes de águas residuais contendo 2260 mg/l de óleo em água, 1,5% em peso de metanol e 2,2% em peso de dietilenoglicol.

Os testes duraram 5 dias e os resultados são apresentados na tabela (1) para a concentração de óleo em água, na tabela (2) para a concentração de metanol e na tabela (3) para o dietilenoglicol.

III. Resultados experimentais

Tabela 1 Teor de óleo da água removida em diferentes rácios durante 5 dias

Eliminação Água/água das lamas (ml)	**Teor de óleo na água mg/l**				
	Dia 1	Dia 2	Terceiro dia	Dia 4	Dia 5
750:250	1570	1100	570	110	20
500:500	1220	760	205	95	18
250:750	1170	625	165	71	18
150:850	620	210	92	25	10
100:900	410	121	52	10	5

* A concentração inicial de óleo era de 2262 mg/l.

Tabela 2 Teor de metanol da água eliminada em diferentes proporções durante 5 dias

Remoção de água/lamas (ml)	**Teor de metanol na água Wt%**				
	Dia 1	Dia 2	Terceiro dia	Dia 4	Dia 5
750:250	1.5	1.4	1.2	1.0	0.8
500:500	1.5	1.3	1.2	1.0	0.8
250:750	1.5	1.2	1.1	0.9	0.7
150:850	1.5	1.1	0.8	0.8	0.7
100:900	1.5	1.1	0.8	0.7	0.6

* A concentração inicial de metanol era de

1,5% em peso.

Tabela 3 Teor de glicol da água removida em diferentes rácios durante 5 dias

Remoção de água/lamas (ml)	**Teor de dietilenoglicol na água (% em peso)**				
	Dia 1	Dia 2	Terceiro dia	Dia 4	Dia 5
750:250	2.2	2.2	2.2	2.2	2.1
500:500	2.2	2.2	2.2	2.1	2.0
250:750	2.2	2.12	2.11	2.0	2.0
150:850	2.2	2.0	1.98	1.98	1.7
100:900	2.2	1.90	1.75	1.70	1.52

* A concentração inicial de metanol foi de

2,2 Wt%.

Quadro 4 Teor de óleo da água evacuada em diferentes proporções durante 5 dias com 10% de ureia adicionada.

Remoção de água/lamas (ml)	**Teor de óleo na água mg/l**				
	Dia 1	Dia 2	Terceiro dia	Dia 4	Dia 5
750:250	1570	1000	420	100	10
500:500	1110	660	120	55	5
250:750	925	498	92	42	5
150:850	780	326	72	23	2
100:900	590	110	61	32	2

* A concentração inicial de óleo era de 2281 **mg/l.**

Quadro 5 Teor de metanol da água descarregada em diferentes proporções durante 5 dias com adição de 10% de ureia

Remoção de água/lamas (ml)	**Teor de metanol na água Wt%**				
	Dia 1	Dia 2	Terceiro dia	Dia 4	Dia 5
750:250	1.6	1.1	0.5	0.2	0.1
500:500	1.4	0.8	0.5	0.4	0.3
250:750	1.4	0.7	0.6	0.5	0.3
150:850	1.3	0.65	0.5	0.3	0.3
100:900	1.1	0.5	0.1	0.05	<0.001

* A concentração inicial de metanol foi de 1,6 Wt%.

Tabela 6 Teor de glicol da água de drenagem em diferentes rácios durante 5 dias com 10% de adição de ureia.

Remoção de água/lamas (ml)	**Teor de dietilenoglicol na água (% em peso)**				
	Dia 1	Dia 2	Terceiro dia	Dia 4	Dia 5
750:250	2.2	1.9	1.7	1.6	1.4
500:500	2.2	1.9	1.6	1.2	1.0
250:750	1.8	1.5	1.1	0.9	0.6
150:850	1.5	1.1	0.8	0.5	0.4
100:900	1.0	0.6	0.2	0.05	<0.002

* A concentração inicial de metanol era de 2,2% em peso.

Figura 2 Curva de calibração de três níveis para o dietilenoglicol em água destilada

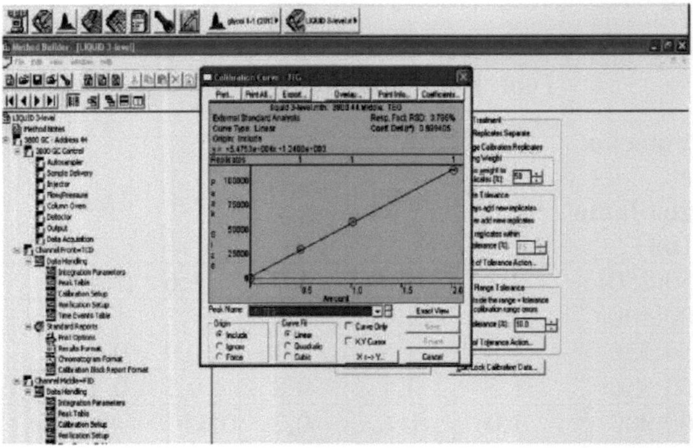

Figura 3 Áreas de pico para as três concentrações de dietilenoglicol utilizadas na calibração

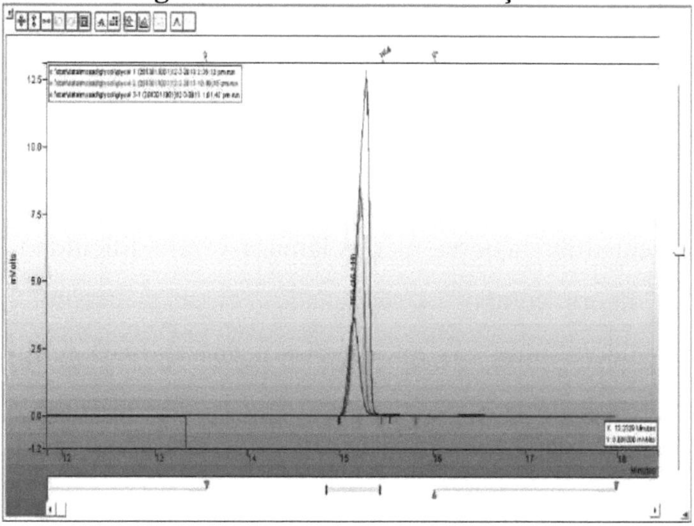

IV. Resultados e discussão :

Os ensaios iniciais sem adição de nutrientes nas tabelas (1,2 e 3) mostraram uma boa degradação do teor de óleo, uma vez que se trata de hidrocarbonetos de cadeia alifática curta, mas as lamas tiveram dificuldade em digerir compostos oxigenados, como o metanol e os glicóis, uma vez que precisam de ser mais fortes para reduzir os glicóis a uma forma mais facilmente digerível.

A adição de nutrientes como a ureia às lamas a reforçar melhora a digestão do glicol na unidade STP.

O nutriente foi adicionado no laboratório em quantidades de 1%, 2% e 10% de ureia.
A ureia foi utilizada como fonte de azoto para as lamas e o pH foi optimizado através da adição de hipoclorito de sódio para manter o pH a 7.

Efectuando a mesma análise da água de saída, obtivemos bons resultados para a água de saída obtida pela adição de 10% de ureia às lamas do tanque desaerador.

Os testes duraram 5 dias e os resultados são apresentados na tabela (4) para a concentração de óleo em água, na tabela (5) para a concentração de metanol e na **tabela (6)** para o dietilenoglicol.

V. Conclusão:

Podemos utilizar a água produzida, após a sua injeção na unidade de tratamento de águas residuais, para irrigação, injectando-a na bacia de acumulação de águas oleosas a uma razão diária de 1:9 com a adição de 10% de ureia na bacia de arejamento da unidade de tratamento de águas residuais e monitorizando regularmente a água de saída para parâmetros adicionais, tais como Glyco, Metanol e teor de óleo, para além dos parâmetros regulares, tais como P, cor e cloro residual. Conseguimos instalar uma bomba para injetar a água produzida na bacia da unidade de tratamento de águas residuais a um ritmo de um litro por hora.

VI. Referências

ALL Consulting. 2003. *Coalbed Methane Produced Water Manual: Management and Beneficial Use Alternatives (Manual de Águas Produzidas com Metano de Bancos de Carvão: Alternativas de Gestão e Utilização Benéfica).* Preparado por ALL Consulting para a Ground Water Protection Research Foundation, o U.S. Department of Energy e o U.S. Bureau of Land Management. Disponível em http://www.all-llc.com/CBM/BU/index.htm.

Altare, C.R., R.S. Bowman, et al. 2007. "Regeneração e estabilidade a longo prazo de zeólito modificado com surfactante para remoção de compostos orgânicos voláteis da água produzida". *Microporous and Mesoporous Materials* **105**(3) : 305-316.

AWWA. 2005. *Water Treatment Plant Design*. Nova Iorque: McGraw-Hill.

Ayers, R.S., e D.W. Westcot. 1994. "Water Quality for Agriculture". *Organização das Nações Unidas para a Alimentação e a Agricultura*.

Ball, H.L. 1994. *Nitrogen Reduction in an On-Site Trickling Filter/Upflow Filter Wastewater Treatment System (Redução de nitrogénio num sistema de tratamento de águas residuais por filtro de decantação/filtro de fluxo ascendente no local*). Sétimo Simpósio Internacional sobre Sistemas de Esgotos Individuais e de Pequenas Comunidades. Bierle, A. *Produced Water Membrane Technology (Tecnologia de Membranas para Água Produzida*).

Bowman, R.S. 2003. "Applications of surfactant-modified zeolites for environmental remediation". *Microporous and Mesoporous Materials* **61**(1-3): 4356.

Bureau of Reclamation. 2003. *Water Treatment Primer for Communities in Need (Manual de Tratamento de Água para Comunidades Carentes).* www.usbr.gov/pmts/water/media/pdfs/report068.pdfDis ponível em . Burke, D. *Aplicação do Processo de Flotação Anóxica de Gás.*

Burnett, D., e M. Barrufet. 2005. *Membranas utilizadas na dessalinização de salmoura produzida.* Revisão do projeto DOE/PERF, Annapolis, MD.

Cakmakce, M., N. Kayaalp, et al. 2008. "Dessalinização de água produzida em campos de produção de petróleo por processos de membrana". *Dessalinização* **222**(13): 176-186.

Casaday, A.L. 1993. *Advances in Flotation Unit Design for Produced Water Treatment*, Society of Petroleum Engineers. **SPE #25472**. 108.

Cheung, K., H. Sanei, et al. 2009. "Fluidos produzidos e águas subterrâneas pouco profundas em regiões produtoras de metano de jazidas de carvão (CBM) de Alberta, Canadá: Geoquímica de elementos vestigiais e de terras raras". *Jornal Internacional de Geologia do Carvão* **77** : 338-349.

Clark, C.E., e J.A. Veil. 2009. *Produced Water Volumes and Management Practices in the United States [Volumes de água produzida e práticas de gestão* *nos Estados Unidos]*. Laboratório A.N..

Clearwater, S.J., B.A. Morris, et al. 2002. "A comparison of coalbed natural gas product water quality versus surface water quality in the Powder River Basin of Wyoming, and an assessment of the use of standard aquatic toxicity testing organisms for evaluating the potential effects of coalbed natural gas product waters." Departamento de Zoologia e Fisiologia, Universidade do Wyoming**:** 135, Laramie, Wyoming.

Departamento de Saúde Pública e Ambiente do Colorado. 2010. "Normas e metodologias básicas para águas de superfície". *5 CCR 1002-31*. Conselho de Controlo da Qualidade da Água.

Comissão de Conservação de Petróleo e Gás do Colorado. 2010. *Sistema de Informação de Petróleo e Gás do Colorado (COGIS)*. Disponível em http://cogcc.state.co.us/.

Corporation, E. 2008. *Resumo HEED*. Disponível em: http: // .www.eetcorp.com/lts/HEEDsumm.htm

Davis, J.G., R.M. Waskom, et al. 2007. "Managing Sodic Soils. *Série de culturas.*

Doran, G. 1997. *Desenvolvimento de uma solução ambiental económica para a água produzida e criação de um novo recurso hídrico*. Relatório do Departamento de Energia DE-FC22-95MT95008.

Faibish, R.S., e Y. Cohen. 2001. "Membranas de polímero suportadas em cerâmica resistentes a incrustações para ultrafiltração de microemulsões de óleo em água". *Journal of Membrane Science* **185**(2) :

129-143.

Faibish, R. S. e Y. Cohen. 2001. "Comportamento de incrustação e rejeição de membranas cerâmicas e cerâmicas modificadas com polímero para ultrafiltração de emulsões e microemulsões de óleo em água". *Colloids and Surfaces A : Physicochemical and Engineering Aspects* **191**(1-2) : 27-40.

Fakhru'l-Razi, A., A. Pendashteh, et al. 2009. "Review of technologies for oil and gas produced water treatment" [Revisão das tecnologias para o tratamento de águas produzidas por petróleo e gás]. *Journal of Hazardous Materials* **170**(2-3): 530-551.

Fillo, J. P. e J. M. Evans. 1990. "Characterization and management of produced water from underground natural gas storage reservoirs." *American Gas Association Sction Proceedings:* 448-459.109.

Fillo, J.P., S.M. Koraido, et al. 1992. "Sources, characteristics, and management of produced waters from natural gas production and storage operations". *Produced Water.* J.P. Ray e F R. Engelhardt. Nova Iorque, Plenum Press. **46**.

Fox, W.E., e D. Burnett. 2002. *Produced Water: An oasis for restoring arid and semi-arid grasslands (Água Produzida: Um oásis para restaurar pradarias áridas e semi-áridas*). Conselho de Proteção das Águas Subterrâneas.

Gutierrez, G., A. Lobo, et al. 2008. "Influência da Adição de Sal Coagulante no Tratamento de Emulsões de Óleo em Água por Centrifugação, Ultrafiltração e Evaporação a Vácuo". *Separation Science and Technology* **43**(7) : 1884-1895.

Hayes, T., e D. Arthur. 2004. *Overview of Emerging Produced Water Treatment Technologies (Visão geral das tecnologias emergentes de tratamento de água produzida).* 11ª Conferência Internacional Anual do Petróleo, Albuquerque, Novo México.

Hayward Gordon Ltd "Oil & Gas Industry - Produced Water Chemical Treatment 101". Disponível em http://www.haywardgordon.com/documents/

TRATAMENTO QUÍMICO DA ÁGUA _101.pdf.

Jacobs, R.P. W.M., e R.O.H. Grant, et al. 1992. "The composition of produced water from Shell operated oil and gas production in the North Sea". *Produced Water.* J.P. Ray e F.R. Engelhardt. Nova Iorque, Plenum Press. **46**.

Konieczny, K., M. Bodzek, et al. 2006. "A sistema de coagulação-MF para o tratamento de água utilizando membranas cerâmicas". *Desalination* **198**(1-3): 92-101. Lardy, G., C. Stoltenow, et al. 2008. *Livestock and Water (Pecuária e Água).* N.D. S.U.E. Service. Fargo, Universidade Estadual de Dakota do Norte: 8.

Lobo, A., A. Cambiella, et al. 2006. "Ultrafiltração de emulsões de óleo em água com membranas cerâmicas: Influência do pH e da velocidade do fluxo cruzado". *Journal of Membrane Science* **278**(1-2): 328-334.

Ludzack, F. J. e D. K. Noran (1965). "Tolerância a salinidades elevadas por processos convencionais de tratamento de águas residuais". *Water Environment Federation.* McBeth, I. e K.J. Reddy. 2003. "Chemistry of trace elements in coalbed methane product water" [Química de oligoelementos na água de produtos de metano de jazidas de carvão]. *Water Research* **37**(4): 884-890.

Melo, M., H. Schluter, et al. "Advanced performance evaluation of a reverse osmosis treatment for oilfield produced water aiming reuse". *Desalination* **250**(3): 1016-1018.
110

Moatar, F., S.R. Shadizadeh, et al. 2010. "Determinação de materiais radioactivos naturais (NORM) na água de formação durante a exploração de petróleo". *Radioanal Nucl Chem* **283** : 3-7.

Mondal, S., e S.R. Wickramasinghe. 2008. "Produced water treatment by nanofiltration and reverse osmosis membranes" [Tratamento de água produzida por membranas de nanofiltração e osmose inversa]. *Journal of Membrane Science* **322**(1): 162-170.

Mulder, M. H.V. 2003. *Fundamentals of membrane technology (Fundamentos da tecnologia de membranas).* Norwell, Kluwer Academic Publishers.

Murry-Gulde, C. 2003. "Performance of a hybrid reverse-osmosis-constructed wetland treatment system for brackish oil field produced water". *Water Research,* Volume 37, Número 3, pp. 705-713.

Comité do Conselho Nacional de Investigação (NRC) para a Gestão e Impactos do Metano de Jazidas de Carvão e da Água Produzida no Oeste dos Estados Unidos. 2010. *Management and effects of coalbed methane produced water in the United States [Gestão e efeitos da água produzida por metano de jazidas de carvão nos Estados Unidos].* Washington, DC, The National Academies Press.

Serviço de Conservação dos Recursos Naturais. 2007. Watersheds, Hydrologic Units, Hydrologic Unit Cose, Watershed Approach, and Rapid Watershed Assessments. Departamento de Agricultura dos Estados Unidos, Serviço de Conservação de Recursos Naturais. NETL. "Fact Sheet on the Description of Produced Water Management Technologies" [Folha de factos sobre a descrição das tecnologias de gestão da água produzida].

Otton, J. K. 2006. *Environmental Aspects of Produced-water Salt Releases in Onshore and Coastal Petroleum-producing Areas of the Conterminous U.S. - A Bibliography [Aspectos Ambientais da Libertação de Sais de Água Produzida em Áreas Terrestres e Costeiras Produtoras de Petróleo do Conterminous U.S. - Uma Bibliografia].* U.S. Geological Survey. Departamento do Interior dos EUA. Reston, Virgínia. **Relatório de Ficheiro Aberto 2006-1154**.

Conselho de transferência de tecnologias petrolíferas Recuperação melhorada de petróleo.

R.W. Harden & Associates, I. 2007. Modelo de Disponibilidade de Água Subterrânea do Aquífero

Trinity/Woodbine do Norte. Disponível em http: //www.twdb .state.tx. us/gam/trnt_t/trnt_n.asp. Conselho de Desenvolvimento da Água do Texas.

Ranck, J.M., R.S. Bowman, et al. *Removal of BTEX from produced water using surfactant-modified zeolite.* Associação Nacional de Águas Subterrâneas.

Rice, C.A., R.M. Flores, et al. 2008. "Chemical and stable isotopic evidence for water/rock interaction and biogenic origin of coalbed methane, Fort Union Formation, Powder River Basin, Wyoming and Montana U.S.A." *International Journal of Coal Geology* **76**(1-2): 76-85.111.

Rice, C.A., e V. Nuccio. 2000. Water Produced with Coal-Bed Methane [Água produzida com metano de jazidas de carvão]. United States Geological Survey. Denver, Colorado, Departamento do Interior dos EUA. **USGS Fact Sheet FS-156-00**.

Sagle, A.C., E.M. Van Wagner, et al. 2009. "Membranas de osmose inversa revestidas com PEG: propriedades de dessalinização e resistência à incrustação". *Journal of Membrane Science* **340**(1-2): 92-108.

Shaver, E., R.R. Horner, et al. 2007. *Fundamentals of Urban Runoff Management: Technical and Institutional Issues [Fundamentos da Gestão do Escoamento Urbano: Questões Técnicas e Institucionais].*

Shepard, M.C., F.L. Shore, et al, eds. 1992. *Characterization of produced waters from natural gas* *production and storage operations: regulatory analysis of complex matrix.* Produced Water: Technological/ Environmental Issues and Solutions. Nova Iorque, Plenum Publishing Corp.

Sinker, A. 2007. *Produced Water Treatment Using Hydrocyclones: Theory and Practical Applications.* 14ª Conferência Internacional Anual sobre o Ambiente Petrolífero, Houston, Texas.

Sirivedhin, T., J. McCue, et al. 2004. "Reclaiming produced water for beneficial use: salt removal by electrodialysis". *Journal of Membrane Science* **243**(12): 335-343.

Spellman, F.R. 2003. *Handbook of water and wastewater treatment plant operations*. CRC Press.
Stephenson, M.T. 1992. A survey of produced water studies. *Produced Water.* J.P. Ray e F.R. Engelhardt. Nova Iorque, Plenum Press. **46**.

Su, D., J. Wang, et al. 2007. Kinetic Performance of Oil-field Produced Water Treatment by Biological Aerated Filter" [Desempenho cinético do tratamento de água produzida em campo petrolífero por filtro biológico aerado]. *Jornal Chinês de Engenharia Química* **15**(4): 591-594.

Taulis, M. 2007. "Groundwater characterisation and disposal modelling for coal seam gas recovery". *Engenharia Ambiental.* Christchurch, Universidade de Canterbury, Nova Zelândia. **Doutoramento:** 334.

Tibbetts, P.J.C., I.T. Buchanan, et al. 1992. "A

comprehensive determination of produced water composition" (Uma determinação abrangente da composição da água produzida). *Produced Water.* J.P. Ray e F.R. Engelhardt. Nova Iorque, Plenum Press. **46**.112.

Trussel Technologies. 2008. "Tecnologias de dessalinização". Disponível em http://www.trusselltech.com/tech_desalination.asp.
Extensão Cooperativa do Texas. 2003. Normas de qualidade da água de irrigação e estratégias de gestão da salinidade.

Corpo de Engenheiros do Exército dos EUA. 2001. *Engineering and Design: Air Stripping.* Guia de projeto n.º 1110-1-3.

Administração de Informações sobre Energia dos EUA. 2007. *U.S. Coalbed Methane Past, Present, and Future [Metano de leito de carvão dos EUA: passado, presente e futuro].* Administração de Informações sobre Energia dos EUA.
USEPA. 1980. Onsite Wastewater Treatment and Disposal Systems Design Manual. EPA. Washington, DC, U.S. Environmental Protection Agency. **EPA/625/1-80-012**.

USEPA. 1991. *Assessment of Single Stage Trickling Filter Nitrification (Avaliação da Nitrificação de Filtros de Fase Única).* Washington DC, EPA Office of Water. **EPA 430/09-91-005**.

USEPA. 2000. "Perfil da Indústria de Extração de

Petróleo e Gás". *Projeto de Caderno de Setor do Gabinete de Conformidade da EPA* **EPA/310-R-99-006**.

USEPA. 2010. "Hydraulic Fracturing" [Fracturação hidráulica]. Disponível em http://water.epa.gov/type/groundwater/uic/class2/hydraulicfracturing/wells_hydrowhat.cfm.

USEPA. (2010). "Estudo de investigação sobre fracturação hidráulica. *EPA/600/F-10/002.* Disponível em http://www.epa.gov/safewater/uic/pdfs/hfresearchstudyfs.pdf.

USGS. 2002. Produced Water Database (Base de dados de água produzida). Departamento do Interior dos Estados Unidos.

USGS. 2005. "Water Use in the United States.
Van Voast, W. A. (2003). "Assinatura geoquímica de águas de formação associadas ao metano de leito de carvão". *Boletim AAPG* **87**(4): 667-676.

Veil, J. "Descrições das tecnologias de gestão da água produzida". Disponível em http://www.netl.doe.gov/technologies/pwmis/techdesc/physep/index.html.

Veil, J.A. "Produced water management information system, fact sheet - Industrial use".

Veil, J.A., M.G. Pruder, D. Elcock, R.J. Redweik, Jr. 2004. A White Paper Describing Produced Water from

Production of Crude Oil, Natural Gas, and Coal Bed Methane, Department of Energy, National Energy Technology Laboratory.

Wagner, K. et al. 1986. *Remedial Action Technology for Waste Disposal Sites,* William Andrew Inc.

Wallace, B. 2005. *Exemplo de projeto: Wellington Water Works - Reutilização da água de produção.* Conferência Anual da FIDIC, Pequim, China.113.

Zielinski, R.A., e J.K. Otton. 1999. *Naturalmente Materiais radioactivos recorrentes (NORM) na água produzida e no equipamento dos campos petrolíferos - um problema para a indústria energética.* USGS.

MIX
Papier aus verantwortungsvollen Quellen
Paper from responsible sources
FSC® C105338

Printed by Books on Demand GmbH, Norderstedt / Germany